# GRANDES QUESTIONS

Chaumont. — Imprimerie de C. CAVANIOL.

C.-P.-MARIE HAAS

# GRANDES QUESTIONS

OU

# L'AGRICULTURE ET LES ASSURANCES AGRICOLES

## ET AUTRES OBLIGATOIRES PAR L'ÉTAT

PRÉCÉDÉES

## D'UNE LETTRE A S. M. NAPOLÉON III



> Les fonctions publiques de tous ordre sont-elles instituées dans les gouvernements pour donner des loisirs, une satisfaction d'amour-propre, des moyens d'existence, une autorité immense à ceux qui les exercent, ou pour tourner à la gloire du souverain d'un empire, assurer la paix et le bonheur des citoyens en activant la prospérité nationale ?.............
>
> L'AUTEUR.



PARIS
**PAUL DUPONT**
IMPRIMERIE ET LIBRAIRIE ADMINISTRATIVES,
RUE DE GRENELLE-SAINT-HONORÉ, 45.
1859.

# A S. M. L'EMPEREUR NAPOLÉON III.

> Les lèvres justes sont les délices des rois; celui qui parle dans l'équité sera aimé d'eux. Le regard favorable du roi donne la vie, et sa clémence est comme les pluies de l'arrière-saison. Le roi qui est assis sur son trône pour rendre la justice dissipe tout mal par son seul regard. Le roi sage confond les méchants et il les fait passer sous l'arc de son triomphe.
>
> SALOMON. — *Proverbes.*

SIRE,

Depuis longtemps on a pu remarquer en France un phénomène incontestable, manifeste et navrant. Au milieu de la prospérité matérielle dont nous avons joui et de tous les perfectionnements de la matière, le niveau moral a baissé, le cœur humain s'est étiolé, l'âme s'est avilie.

Cette dégénérescence, provoquée par une corruption intellectuelle et politique à laquelle votre règne est étranger, nous avait créé la plus triste des perspectives. Par vos efforts, le flot révolutionnaire, qui menaçait de tout entraîner dans l'abîme, a été ramené et contenu dans ses justes limites. Sous l'action irrésistible de votre gouvernement, aussi tutélaire qu'éclairé, la France a reconquis son rang parmi les nations du monde. Les peuples, qui naguère nous méprisaient ou nous dédaignaient, s'inclinent avec respect devant vous. Le drapeau de la France, glorieux et triomphant sur les mers, dans les champs de la Crimée et dans les plaines de la Lombardie, brille aujourd'hui à tous les regards. Comme puissance guerrière, grâce à votre génie, nous sommes le point de mire de l'Univers. Notre domination, qui est votre œuvre, s'impose plus encore par l'admiration que par la crainte. Le fond de notre caractère, c'est l'orgueil du chevalier : vous nous avez comblés de gloire chevaleresque autant qu'un souverain puisse le faire. La vieille France de 60 ans tressaille d'allégresse dans son tombeau : La France nouvelle est justement fière de vous.

Maintenant, Sire, une autre grande tâche vous est réservée : — le perfectionnement moral et celui des arts de la paix. Si, et nous ne saurions en douter, vous l'accomplissez comme l'autre, votre gouvernement sera le premier dans l'histoire du monde. Votre nom sera le plus glorieux parmi les souverains de la terre, depuis l'origine des sociétés, puisque vous aurez pu être aussi grand pendant la paix que pendant la guerre.

Les lois sur la presse ont mis un frein salutaire au dévergondage d'une partie du journalisme ; elles ont refoulé dans les bas-fonds dont elles ne devraient jamais sortir, les passions surexcitées par la cupidité, l'ambition, tous les détestables instincts de haine et de désordre qui se couvrent du manteau d'un faux libéralisme. C'est là un immense bienfait pour la nation ; mais il n'atteint pas complètement le but.

En vertu du grand principe consacré par la révolution de 1789, chacun, dans votre gouvernement, reste libre d'émettre sa pensée dans des publications spéciales. Ce que le journalisme destructeur ne saurait accomplir, le livre, la brochure le fait à toutes les heures et sous toutes les formes. D'innombrables œuvres de corruption et de ténèbres, anciennes et nouvelles, sont jetées dans le domaine public par l'entremise de 4 ou 5,000 libraires. Si elles n'exerçent, sur l'esprit des masses, qu'une influence en apparence imperceptible, leur action, sourde et continue, n'en est pas moins sûre et pas moins dissolvante. Les esprits, lentement imprégnés du poison moral, finiront par se mettre en effervescence et par produire, tôt ou tard, les plus affreux désordres.

La loi sur le colportage n'est qu'un remède insignifiant pour ce mal, qui ne saurait être énergiquement combattu que par l'effort simultané de tous les hommes de bien combiné avec l'action du pouvoir.

Si, par respect pour des droits précieux et chèrement acquis, on ne peut supprimer la liberté d'émettre de funestes doctrines, si l'on ne peut empêcher ceux qui spéculent sur l'appât du scandale, de les offrir en pâture au public, si cet abus de la liberté ne peut être frappé dans son principe même, on peut du moins arrêter ses envahissements. Le mal n'a de prise que sur les ignorants, les oisifs et les méchants. Faire la lumière partout, réduire forcément le nombre des oisifs en activant la production nationale dans toutes ses sources, contraindre les méchants à l'admiration, favoriser la diffusion des saines idées, et des œuvres qui les renferment, telle est l'infranchissable barrière à opposer au torrent dévastateur.

Votre gouvernement l'a compris dès les premières heures de son existence. A peine aviez-vous pu faire cesser le tumulte des rues, les sanglantes émeutes, et rentrer un peu de calme dans les esprits, que vos regards se tournaient vers l'amélioration morale du pays. Dès le lendemain de votre avénement au trône, vous décrétiez les meilleures mesures en faveur de l'agriculture, des arts et de l'industrie, et déjà un avenir plein d'espérance rayonnait à nos yeux émerveillés.

Ce que vous avez fait, Sire, au milieu des difficultés inséparables de la restauration de votre dynastie, du rétablissement de l'ordre social ébranlé jusque dans ses fondements, au milieu des soucis de la guerre de Crimée et d'Italie; ce que vous avez fait pendant que vous reconquériez à la France sa prépondérance et sa légitime fierté; ce que vous avez fait enfin au milieu de tous les embarras matériels, de toutes les complications politiques, nous est un sûr garant de ce que vous ferez pendant la paix.

Aucun doute n'existe donc dans notre esprit. Nous ne venons pas plus vous demander ce que vous êtes disposé à nous donner que vous proposer des théories nouvelles. Vous savez avant nous et mieux que nous ce qui convient à la France; nous ne voulons que développer, à notre manière, pour nos concitoyens et non pour votre gouvernement, les idées qui se trouvent en germe dans de nombreux décrets et dans de plus nombreux actes officiels.

En nous permettant, Sire, de vous adresser cette lettre, nous n'obéissons qu'à une pensée, — celle de démontrer à Votre Majesté qu'au fond des provinces de son glorieux empire sa politique est suivie, comprise, et réjouit nos cœurs d'espérance. En fidèle sujet, nous ne voulons que vous donner notre humble concours dans la mesure de nos forces. C'est vous, Sire, qui nous y avez autorisé. Quand nous avons fondé, il y a deux ans, la nombreuse société agricole et horticole que nous inspirons et que nous dirigeons, vous avez daigné la prendre sous votre auguste patronage, et le nom de Votre Majesté a été très-certainement la grande cause efficiente de son succès. Ce jour-là, Sire, notre devoir nous a été tracé; nous étions déjà le soldat du pays; nous sommes devenu le vôtre dans le domaine de l'intelligence, de la pensée et de la régénération sociale, comme d'autres l'ont été de la gloire dans les champs de la Crimée et de la Lombardie.

Aujourd'hui nous nous occupons de la source de vie des empires — de l'Agriculture. Nous la voulons puissante, intarissable dans tous les éléments qui la forment ou qui peuvent l'enrichir, parce qu'il nous est démontré, de la manière la plus absolue, qu'elle seule peut bien féconder le champ immense de l'avenir et nous donner le vrai et solide bonheur.

Si les regards d'encouragement de Votre Majesté pouvaient s'abaisser sur nous comme sur le guerrier triomphant; si nous pouvions, faisant modestement le bien moral, recueillir quelques palmes dans cette autre champ d'honneur, nos vœux seraient comblés.

Nous avons déjà fait plusieurs œuvres importantes; mais nous osons appeler plus particulièrement votre attention sur celle qui suit et que nous déposons sur les marches de votre trône, la confiant à votre généreuse sollicitude et à l'invisible action de la Providence. Si Votre Majesté daigne l'accueillir favorablement, elle fera un chemin rapide, et la diffusion des idées qu'elle renferme progressera au gré de tous nos désirs.

NOUS SOMMES, AVEC LE PLUS PROFOND RESPECT,

SIRE,

DE VOTRE MAJESTÉ,

LE TRÈS-HUMBLE, TRÈS-OBÉISSANT, TRÈS-FIDÈLE,
TRÈS-DÉVOUÉ SERVITEUR ET SUJET,

**C.-P.-M. HAAS.**

# AVERTISSEMENT.

> Qu'est-ce que l'Empire ? Est-ce un Gouvernement rétrograde, ennemi des lumières, désireux de comprimer les élans généreux et d'empêcher, dans le monde, le rayonnement pacifique de tout ce que le grand principe de 1789 eut de bon et de civilisateur ? NON ! NON ! l'Empire a inscrit ses principes en tête de sa Constitution ! Il a adopté, franchement, tout ce qui peut ennoblir les cœurs, exalter les esprits pour le bien. Mais, aussi, ennemi de toute théorie abstraite, il VEUT UN POUVOIR FORT, CAPABLE DE VAINCRE LES OBSTACLES QUI ARRÊTERAIENT SA MARCHE.
>
> NAPOLÉON III, *Discours du 18 Janvier 1858.*

Il est constaté, depuis les temps historiques, que l'agriculture a été la cause principale de la prospérité ou de la ruine des empires de la terre, suivant que les peuples l'ont eue en honneur ou en discrédit. Nous voulons, pour la France, une agriculture florissante qui nous place au premier rang parmi les nations de l'Univers. A cette fin, nous nous adressons à toutes les classes de la Société :

1° Au gouvernement qui dispose seul du Pouvoir et qui peut seul faire tout ce qu'il veut pour sa gloire et pour la prospérité générale ;

2° Aux grands dignitaires de l'Empire qui sont directement intéressés, pour leur propre sûreté et le bonheur public, à faire réaliser les améliorations bien constatées.

3° A l'aristocratie, qui a tout à gagner et qui n'a rien à perdre à diriger vers la terre et sa culture intelligente toutes les forces vives du pays ;

4° A la théocratie, l'agriculture étant le plus puissant agent du bien-être et de la moralisation ;

5° A la finance, à la bourgeoisie, l'agriculture étant la source féconde et inépuisable de tous les capitaux et le meilleur moyen de les faire fructifier ;

6° Aux fonctionnaires publics de tous ordres, particulièrement aux préposés à la perception des revenus publics, l'agriculture étant le plus sûr moyen de tripler les ressources du Trésor et de permettre d'augmenter le traitement des agents de l'Etat, tout en allégeant les charges des contribuables ;

7° Aux artistes, aux industriels, aux commerçants, l'agriculture bien entendue pouvant seule augmenter la production des matières premières, multiplier les transactions de tous ordres et féconder les sources auxquelles ils puisent ;

8° Enfin au peuple en général qui trouvera dans une agriculture florissante des conditions d'existence plus faciles, plus sûres et meilleures à tous les points de vue.

La contradiction la plus choquante de l'esprit humain est celle-ci : c'est précisément ce qui intéresse le plus qui préoccupe le moins. On travaille avec ardeur dans la position où l'on se trouve sans voir bien véritablement le principe même de son travail et on se jette ensuite dans le plaisir avec une fureur absorbante; que de gens vivent, dans leur milieu, au jour le jour de leur propre situation et ne s'inquiètent, pour le lendemain, que de l'idée spéculative spéciale sans la rattacher à l'ensemble social qui peut exclusivement lui donner la vie et la rendre féconde ! Quand on a bien ou mal supputé ses chances de succès, rempli ce que l'on considère comme son devoir, on ne s'occupe plus que de jouer passablement son rôle dans la grande comédie humaine. On se croit habile parce que l'on a de l'audace; mais l'idée générale n'étant pas comprise, ou étant méconnue, dédaignée, oubliée, on tombe dans le terre à terre de l'individualisme et on se perd ainsi par ses propres œuvres. On défend ce qui nuit, parce que l'on préfère, aux choses d'intérêt collectif, un roman ignoble, une détestable pièce de théâtre, un scandale quelconque. Cette situation ne nous découragera pas. Bien-être général, amélioration de la condition particulière, moralisation, paix publique, gloire nationale, tel est le but complexe que nous poursuivrons de toutes nos forces, et par tous les moyens, tant qu'il nous restera un souffle de vie.

Nous écrivons pour ceux qui veulent servir la France. Si nous nous trompons, nous avons assez de foi dans la bonté de notre souverain pour être certain que notre erreur nous sera pardonnée. Si nous sommes assez heureux pour entrer en plein dans la vérité, dans cette vérité que notre magnanime Empereur recherche et qui brille de la belle lumière morale, si notre travail renferme quelques bonnes propositions, notre œuvre portera ses fruits. Nous parlerons avec toute la liberté de langage compatible avec l'amour que nous avons pour la France et ses institutions, avec la loyauté, la franchise de l'homme qui vénère son gouvernement, qui croit en lui, qui espère en lui, qui n'a en vue que le bien et qui n'a aucun intérêt personnel dans la question. Puisse cette sincérité prouver à tous les détracteurs que la presse honorable n'est point entravée dans sa légitime manifestation pour le bonheur public !

Nous avons pris une forme particulière pour rendre notre pensée. Il nous a semblé qu'en spécialisant nos démonstrations, il serait plus facile au lecteur, quel qu'il fût, de suivre la logique de nos raisonnements, et, après s'être fait une idée bien nette des détails, de conclure pour l'ensemble.

Dieu le veuille !

# I

## SIMPLE DISSERTATION

### SUR L'AGRICULTURE DEPUIS LE PREMIER HOMME JUSQU'À NOS JOURS.

> Ignorer ce qui est arrivé sur la terre avant sa naissance, c'est être enfant toute sa vie. CICÉRON.
>
> Pour bien comprendre un art et les perfectionnements qu'il peut réclamer, ne faut-il pas avoir au moins une idée sommaire de son origine, de ses développements et de son état actuel? L'AUTEUR.

Il nous semble utile d'entrer ici dans une analyse rapide de l'histoire de l'agriculture. Ce ne peut être qu'en examinant ce qu'elle fut depuis son origine que l'on comprendra ce qu'elle est actuellement et quel est son avenir.

Comment l'agriculture prit-elle naissance? La solution de cette question est aussi difficile que celle du grand problème de la création de l'homme, quand on refuse de s'en rapporter à la tradition sacrée. Notre premier besoin, c'est la nourriture; notre première ressource pour y pourvoir, c'est la terre. — Mais la terre donne peu sans travail; sa culture est une science; un art. — Comment cet art fut-il découvert, et, étant connu, comment l'homme fit-il pour le pratiquer? Ces questions paraissent toutes simples; — elles ont cependant une immense portée. Ce qu'il y a de certain, c'est que dès sa première heure d'existence l'homme ne fut pas propre à faire de l'agriculture. Comment put-il donc pourvoir à sa nourriture? Il a donc fallu qu'il trouvât, naturellement, sous sa main, les substances que nous connaissons encore aujourd'hui et qui servent à notre alimentation. Ce fut là un bel effet des matières ignées, refroidies, et la raison est bien satisfaite par les données de la science matérialiste. Nous n'avons point ici à discuter les grands problèmes de la création; il nous faudrait faire des volumes pour combattre toutes les erreurs émises sur ce grand sujet et nous ne disposons que de quelques pages.

D'après le livre sacré, la vie pastorale semblerait avoir été le premier moyen, pour les hommes, de pourvoir à leur existence. Si l'on repousse ces enseignements pour se rattacher à un autre ordre d'idées, on tombe immédiatement dans d'inextricables difficultés. En général, on est d'accord sur ce point que la vie humaine a eu un commencement. Comment le premier homme a-t-il pu surgir de n'importe quelle force procréatrice et pourvoir, par lui-même, à sa subsistance?...Tout d'abord, il n'a pas eu sous sa main les animaux domestiques que nous connaissons. Rien ne saurait démontrer qu'ils soient venus s'offrir à lui afin qu'il eût pu s'en servir pour son alimentation. D'un autre côté, en quel état le premier homme est-il apparu sur la terre, qu'il soit ou non une émanation de Dieu? Si, comme quelques auteurs, plus audacieux que sages, n'ont pas craint de le proclamer, l'homme est un produit de la force procréatrice spontanée de la matière, il n'en est pas moins apparu à l'état d'enfance, comme c'est la loi invariable et absolue de notre nature et, conséquemment, dans une impuissance radicale, l'enfant ne pouvant se passer de secours pour se conserver dans la vie. Oserait-on avancer, niant l'intervention du pouvoir surnaturel — de Dieu en un mot — que l'homme est apparu dans la vie, mâle et femelle, à l'état complet de virilité, pouvant procréer et se suffire seul? Quelles belles pages on écrirait sur ce sujet, si un travail comme celui auquel nous nous livrons le comportait!

Nous débarrassant des vaines théories de la science moderne, qui ne peuvent servir qu'à éteindre la belle lumière morale qui nous éclaire, nous nous rattacherons, de gré ou de force, à la tradition sacrée.

L'homme, au sortir de l'Eden, ne tarda pas à voir sa postérité s'accroître dans de grandes proportions. Quand elle fut nombreuse, elle dut naturellement éprouver chaque jour de plus grandes difficultés pour pourvoir à sa subsistance, car elle n'avait guère d'autres ressources que les fruits produits naturellement par la terre, ou la chasse et la pêche. Les animaux sont plus ou moins sauvages : l'homme remarqua ceux qui ne le fuyaient pas et que Dieu avait créés pour son usage ; il s'appliqua à les réunir. Trouvant qu'ils se plaisaient en société, il eut bien vite des troupeaux qui furent pour lui une grande ressource. De là, à la vie nomade, à la division et à la dispersion des familles, il n'y eut qu'un pas à franchir, et la nécessité y contraignit bien vite. Le labourage n'étant pas connu, la terre et ses fruits appartinrent au premier occupant. Chacun, alors, prit sa subsistance là où il la trouvait. On abandonna les contrées que l'on habitait, au fur et à mesure de leur épuisement, et on se dispersa ainsi dans toutes les directions. Des obstacles naturels survinrent, des impossibilités absolues de les franchir se produisirent, et la nécessité de s'arrêter dans des lieux déterminés devint de plus en plus impérieuse. Pendant ce temps, que devenait la race humaine, quelle qu'ait été son origine, bien que nous la rattachions à la tradition sacrée ? Ne se multipliait-elle pas ? Ses exigences ne devenaient-elles pas de plus en plus grandes ? Quand le besoin nous étreint, il nous faut chercher ; la Providence, qui a tout mis à notre disposition, nous fait trouver. On découvrit alors le secret de cultiver la terre. A quelle époque ? Nul ne saurait le dire. Mais quand l'homme eut compris qu'il pouvait, partout, pourvoir à sa subsistance, il dut songer à se fixer. Alors naquit la distinction du *tien* et du *mien* Cette distinction, toute naturelle, était, en effet, indispensable pour que chacun pût recueillir le fruit de ses peines, pût même se donner ces peines, car, autrement, rien n'était possible. Dans ces conditions, il fallut nécessairement que plusieurs hommes s'attachassent à une contrée, s'attribuassent différentes portions de terre et se donnassent des lois. On ne saurait comprendre autre chose. Dès lors, l'agriculture devint la mère des premières sociétés, le trait d'union entre ses membres, et par elle fut créé le gouvernement des hommes. On comprit, de par la loi impérieuse d'intérêt et de sûreté réciproques, qu'il fallait que chacun renonçât à une partie de sa liberté pour assurer celle d'autrui et la sienne propre dans des conditions déterminées, et les gouvernements furent établis. Qu'ils tirent leur origine du chef d'une famille, de la vie patriarcale, d'un besoin absolu, peu importe ; l'agriculture n'en fut pas moins, de quelque manière qu'on l'envisage, le premier art exercé, le principe fondamental des premières lois, le premier lien qui rattacha les hommes et les contraignit de vivre en société et de se respecter.

Ce point capital était indispensable à établir. Maintenant, tout est ténèbres sur les premiers âges de la vie de l'homme. Nous n'entreprendrons pas ici de suivre l'agriculture depuis sa première manifestation jusqu'au grand cataclysme qui bouleversa l'Univers et dont tout, dans ce monde, rend témoignage. Que fut-elle jusque-là ? C'est le secret de Dieu. Nous ne la suivrons pas non plus dans les lois qu'elle fit naître, dans la délimitation et le partage des terres, dans l'origine et l'ordre des successions, etc., etc.; cela nous conduirait au-delà de notre but.

Après le déluge, les premières familles s'établirent en Asie et dans les plaines du Nil. Là, les gouvernements se fondèrent, les arts apparurent et atteignirent un haut point de perfection. L'Egypte colonisa la Grèce. Les Grecs, qui avaient reçu ainsi leurs arts des Egyptiens, les transmirent aux Romains, comme plus tard ceux-ci au reste de l'Europe. Nous allons jeter un coup d'œil rapide sur l'agriculture chez ces différents peuples.

Les Egyptiens attribuaient à Osiris l'invention de l'agriculture. Quoi qu'il en soit, cet art fut pratiqué en Egypte dès les premiers siècles après le déluge, et, à cette époque reculée, il ne paraît pas avoir différé, dans ses pratiques, de ce qu'il est aujourd'hui. Moïse est le plus ancien des écrivains qui nous le fasse connaître. Il nous représente Noé comme agriculteur et comme ayant fait du vin; Abraham, trois siècles plus tard, comme ayant de nombreux troupeaux de bétail, des esclaves des deux sexes, de l'argent et de l'or, et comme ayant acheté un sépulcre avec la portion de terre environnante; Isaac, comme ayant labouré, semé et récolté 100 pour 1. Dès ce moment, d'après Moïse, le blé semblait venir abondamment en Egypte, car Abraham et ensuite Jacob eurent recours à ce pays en des temps de famine. Ce qui le prouve, c'est que les Egyptiens faisaient cuire leurs briques avec de la paille; ainsi on en démontre certainement l'abondance et par conséquent celle du blé. L'irrigation était aussi pratiquée sur une grande échelle en Egypte, car il est dit dans la Genèse, chap. XIII, ℣. 10, *que la plaine du Jourdain était arrosée de toutes parts comme le jardin du Seigneur, de même que la terre d'Egypte.*

L'invention des instruments d'agriculture remonte nécessairement à la découverte de cet art lui-même. Le premier homme qui aura voulu ouvrir le sein de la terre a dû le faire à l'aide d'un instrument quelconque. Le plus difficile n'a pas été de trouver l'instrument ; ce fut certainement de reconnaître que la culture du sol devait donner de bons résultats. Il nous paraît bon de dire un mot des causes qui ont pu amener l'homme à faire cette découverte. Ces causes nous semblent dues à un phénomène naturel. Les grandes pluies, les débordements des fleuves amènent dans les vallées plates des eaux boueuses qui charrient considérablement de terre. — Ces eaux, pendant un court séjour, se débarrassent de leur limon et déposent sur le sol une terre ameublie, capable de recevoir la semence aussitôt qu'elle est desséchée. En Egypte, le Nil déborde tous les ans. Après la retraite des eaux, les plantes croissent facilement. On a dû naturellement conclure de ce fait qu'il devait suffire de répandre les semences sur les terres d'alluvion desséchées pour qu'elles végétassent. Ainsi le procédé de culture devenait simple, élémentaire et s'offrait de lui-même. La terre ainsi préparée par la nature, ensemencée par l'homme au lieu de l'être par la puissance éolienne, donna des produits certains. Du moment que le principe de la fécondation des semences par le sol fut connu, on dut vite comprendre qu'il fallait légèrement les recouvrir; un léger grattage, sur une terre naturellement préparée, remplit cet office. De ce phénomène, les hommes apprirent deux choses : premièrement, que le sol devait avoir une préparation avant les semailles et qu'il fallait le débarrasser des herbes qui s'y trouvaient ; secondement, que le mélange du terreau et du sable produit la fertilité. De là à cultiver la terre, il n'y avait qu'un pas, et l'instrument fut inventé. Le premier des instruments paraît avoir été une espèce de pic ; puis sont venus successivement et rapidement la plupart des instruments que nous connaissons.

L'agriculture était la principale occupation des Egyptiens. Les Pharaons avaient en leur possession des troupeaux considérables de gros et de menu bétail et s'appliquaient à rechercher toutes les améliorations susceptibles d'être introduites dans leur éducation.

Nous connaissons fort peu de chose des animaux et des végétaux de l'agriculture égyptienne. Le bœuf semble avoir été, en tout temps, le principal animal de labour, et le riz le principal grain en culture. Hérodote rapporte que, de son temps, le blé n'était plus cultivé et que le pain que l'on en faisait n'était pas estimé. Les fèves étaient aussi tenues en abomination par les anciens habitants ; mais il est fort probable que dans des temps plus rapprochés, lorsque les Egyptiens commencèrent à avoir commerce avec les autres nations, ils s'affranchirent de ces préjugés et d'autres semblables, et qu'ils cultivèrent ce qu'ils trouvèrent le mieux approprié aux marchés étrangers. Pour mieux connaître l'agriculture égyptienne, nous examinerons rapidement celle des Juifs qui peut en donner une idée à peu près exacte, et, dans tous les cas, la plus exacte possible.

Après la conquête du royaume de Chanaan, les différentes tribus israélites eurent leurs lots désignés par le sort. Ces lots furent également partagés entre les chefs de famille et tenus, par eux et leur postérité, par droit absolu de succession. Chaque famille eut ainsi, originairement, la même étendue de terres ; mais comme il devint ensuite d'usage d'emprunter de l'argent, en engageant son patrimoine, que quelques familles moins actives et moins économes furent obligées de vendre et que d'autres s'éteignirent, faute de descendants, les domaines territoriaux varièrent bientôt d'étendue. Tandis que quelques portions de terre, près des villes, étaient encloses, la plus grande partie était en commun ou alternativement possédée par différents occupants, à la manière de nos communaux.

Chez les Hébreux, chaque propriétaire cultivait ses terres, quelle que fût leur étendue. L'agriculture était tenue en haute estime, même par les princes. Les terres de la couronne, au temps du roi David, étaient administrées par sept officiers ; l'un d'eux avait la surintendance des magasins ; un autre, celle du travail des champs et du labourage de la terre ; un troisième, celle des vignes et des celliers ; un quatrième, celle des oliviers, des magasins à huile et des plantations de sycomores ; un cinquième, celle des troupeaux de pur bétail ; un sixième, celle des chameaux et des ânes ; enfin, le septième, celle des bêtes à laine *(Rois, chap. XXVII, ỷ. 25)*. Les ânes et les bœufs étaient également employés au labourage, car Moïse défend aux Juifs d'accoupler au joug un âne avec un bœuf, leur pas étant différent, et naturellement leur travail inégal.

Parmi les opérations d'agriculture sont mentionnés : l'*irrigation*, au moyen des machines, le *labour*, le *bêchage*, la *moisson*, le *battage des grains*, etc. *Le laboureur qui veut semer travaille-t-il tout le jour à tracer des sillons, à ouvrir son terrain, à en briser les mottes ? Quand il en a égalisé la surface, n'y répand-il pas la vesce et le cumin ? N'y enterre-t-il pas, à leur place, les principales sortes de blé, le seigle et l'orge ? (Isaïe, chap. XXVIII, ℣. 24 et 25.)* Des aires à battre couvertes étaient en usage ; et, ainsi qu'il paraît par l'épisode de Booz et de Ruth, ce n'était pas chose rare d'y coucher pendant la moisson. Le blé était battu de différentes manières. *Les vesces,* dit Isaïe, *chap. XXVIII, ℣. 27 et 28, ne sont pas battues avec un instrument à battre, non plus qu'on emploie une roue de charrette pour le cumin ; mais les vesces sont tirées de leurs cosses avec un bâton et le cumin avec une verge. Le blé est broyé parce que le laboureur ne veut pas toujours avoir à l'écraser, et il n'est pas brisé sous la roue ni écrasé sous les pieds des chevaux.* Le blé était vanné à la pelle ou au vent. *(Isaïe, chap. 30, ℣. 24.)* Les cribles étaient aussi en usage chez les Hébreux, car Amos dit : *J'agiterai la maison d'Israël comme le blé est agité dans un crible.* Les collines étaient cultivées à la bêche. *(Isaïe, chap. VII, ℣. 25.)*

Le figuier fut le premier des arbres dont les hommes retirèrent une agréable nourriture. La vigne a une origine aussi ancienne, comme nous l'apprend l'Écriture-Sainte. Dès les premiers temps, son fruit servit de nourriture agréable et à faire du vin. Noé la cultiva et en fit usage. D'un autre côté, tous les historiens profanes placent Bacchus dans les premiers âges du monde. La culture de l'amandier remonte également à une très-haute antiquité. Quand Jacob envoya Benjamin en Egypte, il ordonna d'emporter des amandes pour les offrir en présents à Joseph. Le grenadier était déjà connu en Egypte. Les plaintes des Israélites dans le désert le prouvent suffisamment. Mais la culture des arbres, dans l'antiquité, était une science ignorée. Elle s'est répandue promptement dans ses principaux éléments. On dit que ce fut une chèvre qui donna l'idée de tailler la vigne. Cette chèvre ayant brouté un cep, on remarqua, l'année suivante, qu'il donnait plus de fruit que de coutume. On profita de cette découverte pour étudier la manière la plus avantageuse de tailler la vigne.

Acosta rapporte, dans son histoire naturelle des Indes, qu'anciennement, en Amérique, les rosiers profitaient tellement qu'ils ne donnaient point de roses. Le hasard fit que le feu prit à un rosier : il en resta quelques rejetons qui, l'année suivante, portèrent des roses en quantité. Les Indiens apprirent de cette manière à émonder les rosiers et à en ôter le bois superflu. Théophraste nous apprend aussi qu'en Grèce on mettait le feu aux rosiers pour les féconder et que, sans cette précaution, ils ne portaient point de roses.

Mais la pratique d'émonder, de tailler et de fumer les arbres, ne suffit pas pour leur faire porter des fruits sains, doux et agréables : ce secret dépend d'une opération beaucoup plus difficile et plus recherchée, — de la *greffe*. Comment cette découverte a-t-elle pu se produire et quelle imagination a pu la rêver? Pline lui donne cette origine : Un jour, un laboureur voulant clore sa maison d'une palissade, s'avisa de coucher en terre des troncs de lierre et d'y arrêter l'extrémité des pieux de cette palissade, afin qu'elle durât plus longtemps. Il arriva que les pieux reprirent et poussèrent des surgeons ; ce qui fit comprendre que les pieux s'étaient nourris dans ces troncs aussi bien que s'ils avaient été fichés en terre. Des réflexions que cette circonstance fortuite occasionna, vint, dit le célèbre naturaliste, la découverte de l'art de greffer. C'est là une raison plus ou moins solide. En voici une autre : du moment où l'on a commencé à renfermer plusieurs arbres dans un même terrain, qu'on les a bien cultivés, on a dû nécessairement apercevoir des différences dans les espèces relativement à celles qui étaient éparses dans les bois et dans les campagnes. Quand des arbres sont plantés dans un espace trop étroit et se touchent en grossissant, il n'est pas rare que quelques-uns de leurs rameaux s'entrelacent, que le frottement des branches agitées par le vent enlève l'écorce et que les deux branches ne finissent par se confondre en une seule. Alors les fruits de ces branches unies peuvent être plus beaux, plus suaves. On aura fait cette remarque ; on aura cherché à en trouver la cause ; on aura reconnu que l'excellence du fruit était due à l'union de deux espèces et on se sera ensuite ingénié à imiter la nature. Après bien des réflexions et des tentatives, on aura fini par découvrir les différentes manières de greffer qui ont été en usage chez les anciens. La date de la découverte de la greffe est inconnue. Macrobe la fait remonter à Saturne, qui l'aurait répandue dans le Latium. Homère et Hésiode n'en parlent pas ; les Grecs, de leur temps, ne la connaissaient pas. De ce temps et même bien après, les peuples étaient aussi ignorants, par rapport à la culture des arbres, que le sont aujourd'hui quantité de peuples de l'Asie et de l'Amérique. Aux Grandes-Indes et en Perse, il y a beaucoup d'arbres fruitiers; mais ils sont presque tous sauvages. La greffe y est inconnue, au moins de la grande masse des habitants. Dans l'Amérique méridionale, tous les grands arbres que l'on trouve restent tels que la nature les produit : on n'y touche pas ; n'insistons pas davantage.

Les légumes étaient connus et cultivés dès la plus haute antiquité. On en faisait un grand usage dès les premiers siècles. Les Juifs regrettaient,dans le désert,les concombres, les melons, les poireaux, les oignons et l'ail, qu'ils mangeaient abondamment en Egypte. On a même reproché aux Egyptiens de pousser l'amour des légumes jusqu'à l'adoration. *Saint peuple,* s'écrie l'ironique Juvénal, *dont les Dieux croissent dans ses jardins !*

Enfin Moïse et les écrivains profanes ne nous laissent aucun doute sur les découvertes de l'antiquité à cet égard. Les auteurs profanes, surtout, nous racontent des merveilles auxquelles il est même difficile de croire aujourd'hui.

Le Grecs Arborigènes ou Pélasges furent civilisés par des colonies venues d'Egypte. C'est donc aux Egyptiens qu'ils furent redevables de l'agriculture. Quelques anciens Grecs prétendent que la culture du blé leur fut enseignée par Cérès ; mais Hérodote et la plupart des anciens s'accordent à regarder cette divinité comme identique avec l'Isis égyptienne. Il n'y a pas de témoignage particulier que les Grecs se fussent adonnés de bonne heure d'une manière toute particulière à l'agriculture, ni qu'ils l'aient fait prospérer parmi eux. Xénophon la recommande spécialement ; mais les exemples pratiques auxquels il se réfère sont empruntés aux Persans. Passons.

Ce que nous connaissons de plus marquant sur l'agriculture en Grèce est emprunté au poëme d'Hésiode intitulé les *OEuvres et les Jours.* Quelques remarques accidentelles seulement se rencontrent dans les écrits d'Hérodote, de Xénophon et de Théophraste. Le Romain Varron, écrivant dans le siècle de César, nous apprend que plus de cinquante auteurs, tous Grecs, à l'exception de Magon le Carthaginois, pouvaient, à cette époque, être consultés sur l'agriculture. Il comprend, parmi ces écrivains, Démocrite, Xénophon, Aristote, Théophraste, Hésiode. Les ouvrages des autres auteurs qu'il énumère se sont perdus. Démocrite n'a laissé que quelques extraits conservés dans les *Géoponiques.* Xénophon a laissé, sous le titre d'*Economiques,* un traité spécial consacré aux choses rurales et domestiques et dont le troisième livre s'applique à l'agriculture. Théophraste a fait une *Histoire des Plantes* qui l'a fait justement considérer comme le père de la botanique. Son ouvrage renferme des observations curieuses sur les sols et les fumures et sur diverses parties de l'agriculture et du jardinage. Mais ce fut Hésiode qui donna les plus grands détails sur l'agriculture grecque. Hésiode était contemporain d'Homère et habitait à Asera, village situé au pied du mont Hélicon, en Béotie. Là, il entretenait un troupeau et cultivait un terrain qu'il représente comme *mauvais en hiver, difficile en été, et n'étant bon en aucun temps. Les Œuvres*, qui forment la première partie de son poëme, ne sont pas un simple détail de travaux agricoles. On y trouve des instructions sur toutes les branches de l'économie domestique à la campagne. Les *jours* contiennent une division du mois lunaire en jours *sains*, *favorables*, *défavorables*, *mêlés* et *intermédiaires*. Ces derniers ne comportent aucune observation particulière.

La propriété terrienne, chez les Grecs, paraît avoir été absolue. Le mode d'héritage était un partage égal entre les fils. Une des lois de Solon défendait d'acheter des terres au-delà d'une certaine limite. Un domaine contenant, soit de l'eau de source, soit de l'eau courante, était hautement prisé. Il existait une loi réglant tout ce qui se rapportait aux puits. Les terres à proximité des villes étaient encloses. Solon ordonne que celui qui creusera un fossé ou qui ouvrira une tranchée près du champ d'un autre, devra laisser autant de distance entre ce fossé ou cette tranchée et le champ du voisin, que l'un ou l'autre auront de profondeur. Si quelqu'un établit une haie près du champ de son voisin, qu'il ne dépasse pas la limite de son voisin ; s'il construit un mur, qu'il laisse un pied d'intervalle jusqu'à la limite de son voisin ; si c'est une maison, qu'il laisse deux pieds. Un homme construisant une maison dans son champ doit la placer à la portée d'une flèche de la maison de son voisin.

La surface de la Grèce était, comme elle l'est encore aujourd'hui, irrégulière et montueuse, avec de riches vallées, quelques places rocheuses et des montagnes. Le sol est varié, argileux sur quelques points, mais généralement léger et sablonneux et reposant sur un sous-sol calcaire. D'après Hésiode, les opérations de culture demandaient à être adaptées à la saison. Les jachères d'été étaient en usage, et le sol recevait trois labours : un en automne, l'autre au printemps et le troisième immédiatement avant les semailles. On recourait aux engrais. Dans Homère, on voit un vieux roi fumer ses champs de ses propres mains, et l'invention de cette coutume est attribuée, par Pline, au roi *Augias*. Théophraste énumère six différentes sortes d'engrais. Il ajoute qu'un mélange de terre produit le même effet que la fumure. *L'argile*, dit-il, *doit être mêlée avec le sable et réciproquement*. Les semences étaient répandues avec la main et recouvertes avec un râteau. Le blé était moissonné avec la faucille, lié en gerbes, charrié jusqu'à une aire à battre bien préparée et en situation aérée, où il pouvait être battu, puis vanné au vent, ainsi qu'on le pratique encore dans la Grèce moderne, en Italie et dans d'autres pays d'Europe. Ensuite on le déposait dans des huches, des coffres ou des greniers, d'où on le tirait, au fur et à mesure des besoins de la famille, pour être broyé dans des mortiers ou réduit en farine dans des moulins à bras.

Les instruments énumérés par Hésiode sont : la charrue, — il recommande d'en avoir deux en cas d'accident, et une charrette d'environ sept pieds de large montée sur deux roues basses. La charrue se composait de trois parties : le *soc*, l'*âge* et le *manche*. Le soc devait être en chêne et les autres parties d'orme ou de bois de laurier : le tout devait être solidement assemblé avec des clous. Les antiquaires ne sont pas d'accord sur la forme exacte de cet instrument de labour. Quelques-uns conjecturent qu'il n'était pas sans analogie avec une araire encore en usage dans les mêmes pays et dans le midi de la France; d'autres le rapportent à la charrue plus simple qui n'a pas cessé d'être usitée en Calabre et en Sicile, théâtres d'anciennes colonies grecques. Le râteau, la faucille et l'aiguillon à bœufs sont mentionnés ; mais les auteurs qui en parlent ne disent rien de leurs formes, non plus que de celles des bêches et des autres instruments manuels dont ils parlent.

Les animaux de travail dont il est question pour l'agriculture grecque sont les bœufs et les mules. Les bœufs étaient les plus communs. Homère raconte qu'ils étaient attachés au joug par les cornes, coutume qui s'est perpétuée jusque parmi nous, surtout dans les départements de l'Est.

Les produits de l'agriculture grecque étaient les grains et légumes aujourd'hui cultivés, avec le vin, la figue, l'olive, la pomme, la datte et autres fruits. Le bétail consistait en moutons, chèvres, pourceaux, bœufs, mulets, ânes et chevaux. Il ne paraît pas que les prairies artificielles et les plantes herbagères eussent été connues. Mais dans les moments de pénurie, on avait recours au *gui* et au *cytise*. A quelle plante cette dernière désignation se rapporte-t-elle? C'est sur quoi l'on ne s'accorde pas. Quelques-uns pensent que c'est le *medicago arborea* de Linné; d'autres la luzerne commune. Le foin, selon toute probabilité, était tiré des prairies et des pâtures usitées en commun. Le lin et le chanvre étaient cultivés. On tirait les bois de chauffage et de construction des forêts naturelles qui, au temps de Solon, abondaient en loups. Hésiode ne parle ni de l'olive ni de la figue; mais elles étaient cultivées en plein champ pour l'huile et comme fruits comestibles aussi bien que la vigne pour le vin.

Au temps d'Hésiode, presque tous les citoyens étaient cultivateurs, et chacun avait une portion de terre qu'il cultivait lui-même avec l'aide de sa famille et peut-être d'un ou de deux esclaves. Les produits, soit pour la nourriture, soit pour le vêtement, paraissent avoir été manipulés dans chaque famille pour elle-même. Sans doute, les progrès de la société amenèrent la division ordinaire du travail et des arts, et les cultivateurs commerçants, c'est-à-dire ceux qui se livrent à la culture en vue du commerce et d'échange, durent, en conséquence, se produire; mais quand cet état de choses s'établit-il et jusqu'à quel point était-il porté quand la Grèce devint une province romaine, — 100 ans avant Jésus-Christ? C'est ce que les anciens auteurs ne nous mettent point à même de déterminer.

A Rome, dans l'origine, chaque citoyen reçut en partage, d'après la loi agraire, moins d'un demi-hectare de terrain. Après l'expulsion des rois, environ 600 ans avant J.-C., on porta cette portion à environ un hectare et demi. Cet usage continua d'être suivi dans les temps postérieurs. Quand chaque soldat avait reçu sa part, le surplus était vendu en lots plus ou moins considérables, et il n'était interdit à personne d'acquérir telle quantité de terres qu'il le jugeait convenable jusqu'à la loi de Stolo, le second consul plébéien, loi qui interdisait une possession de plus de 125 hectares environ.

Cette loi resta en vigueur pendant la plus grande partie de la puissance romaine. Quelle que fût l'étendue du domaine, il était tenu par le propriétaire en vertu d'un droit de propriété absolu et indépendant de tout pouvoir. Il passait à ses héritiers, conformément à son testament, s'il en faisait un; sinon, il retournait à ses plus proches parents, d'après la loi commune.

Dans les premiers siècles de la République, les terres étaient occupées et cultivées par les propriétaires eux-mêmes. Comme cet état de choses dura pendant quatre ou cinq siècles, ce fut probablement la cause de la supériorité agricole des Romains. Par la suite, lorsque Rome étendit ses conquêtes et acquit de vastes territoires, de riches particuliers achetèrent de grands domaines. La culture tomba alors en des mains diverses; elle fut conduite par des délégués ou par des fermiers, à peu près de la même manière qu'aujourd'hui en France. Columelle nous informe qu'il en était ainsi de son temps; il nous dit : *Que les hommes employés en agriculture étaient ou des fermiers ou des serviteurs, — ceux-ci divisés en serviteurs de condition libre ou en esclaves.* Du temps de *Caton le Censeur*, ainsi que le fait remarquer l'auteur de l'*Agriculture des anciens*, les opérations de la culture des champs étaient généralement exécutées par des serviteurs. Cependant les Romains les plus distingués n'en continuaient pas moins de donner à ces objets une attention particulière et d'en étudier les améliorations. Ils étaient très-attentifs et très-exacts dans l'administration de toutes leurs affaires rurales. Du temps de Varron, on ne donnait plus les mêmes soins à l'agriculture. Les grands résidaient trop dans les murs de Rome. Ils s'occupaient plus du théâtre et du cirque que de leurs champs et de leurs vignobles. Columelle répète les mêmes plaintes que Varron à cet égard.

Les plus anciens fermiers, chez les Romains, paraissent avoir tenu la terre à moitié. Le bétail appartenait au propriétaire. Le fermier recevait, pour son travail, une certaine portion du produit de ce bétail. La part allouée au fermier fait suffisamment comprendre qu'il n'entrait pas dans les frais de culture et qu'elle n'était que la représentation de son travail. D'après Columelle, certains fermiers payaient une rente pour leurs fermes.

Ceux qui ont le plus écrit et le plus sensément écrit sur l'agriculture des Romains sont : *Caton, Varron, Virgile, Columelle,*

*Pline* et *Palladius*. Nous ne pouvons parler de tous leurs travaux, — mais nous nous efforcerons d'en donner la substance.

Le choix d'une métairie ou d'une villa était une chose très-importante à Rome. Columelle et Varron entrent à cet égard dans de larges détails. La villa devait être située dans les meilleurs terrains, traversée par l'eau ou à proximité de la mer, près des bons chemins et des lieux où l'exportation des produits devenait facile. On recommandait l'exploitation des pâturages et des prairies, comme étant très-facile, et la culture de la vigne et de l'olivier comme donnant les plus grands profits, proportionnellement à la dépense. Un propriétaire devait d'abord planter son champ, avant de bâtir sa demeure. La demeure devait être proportionnée à la valeur de la ferme et à la fortune du maître; elle ne devait pas être trop petite pour la métairie et réciproquement. On devait la diviser en plusieurs parties, chacune pour une destination spéciale. Varron et Pline donnent des indications détaillées à cet égard. Columelle surtout est très-explicite.

Les hommes libres et les esclaves étaient, comme nous l'avons déjà dit, les serviteurs employés dans l'agriculture romaine quand elle devint florissante. Quand le propriétaire ou le fermier résidait sur la métairie et en dirigeait la culture, ces serviteurs étaient directement placés sous sa conduite. Dans les autres cas, il y avait un intendant ou surveillant, à qui tous les autres serviteurs étaient subordonnés. C'est ce qui avait lieu dès le temps de Caton, lequel est très-précis dans ses instructions concernant le soin qu'un intendant doit apporter à la surveillance des domestiques, du bétail, des instruments de travail et à l'exécution des ordres de son maître. Columelle tient le même langage. Les esclaves se vendaient à prix d'argent, — de 1200 fr. à 1800 fr. — et représentaient une évaluation de 6 à 12 pour 100 dans les frais d'exploitation. Quant aux gages des serviteurs libres, il n'en est pas fait mention, ce qui ferait supposer que ces serviteurs étaient assez rares. Les esclaves et les serviteurs étaient entretenus et habillés par le propriétaire ou le fermier, qui avait tout intérêt à ce qu'ils le fussent d'une manière suffisante et satisfaisante. Columelle mentionne ce qu'il appelle une vieille maxime, au sujet de l'intendant, — *qu'il ne prît ses repas qu'en présence des serviteurs et que sa nourriture ne différât point de celle des autres*. Caton s'étend sur tout le régime alimentaire des laboureurs. Pline également. — Ils voulaient qu'il leur fût donné du vin et une nourriture saine et abondante.

Les animaux domestiques utilisés par les Romains, pour tous les usages de la métairie et les besoins divers de l'exploitation, étaient principalement le bœuf, l'âne, le mulet et quelquefois le cheval. Le cheval servait particulièrement pour la selle, la chasse ou la guerre. On retrouve, chez les Romains, comme chez les Egyptiens, les Juifs et les Grecs, une grande estime pour le bœuf. Une grande partie des céréales, des feuilles d'orme, de peuplier, de vigne, de chêne, de lierre, de figuier, etc., servaient à la nourriture des bœufs. Columelle ne trouve rien de meilleur, en été, que le pâturage, et que le foin et le grain, en hiver. Les bœufs étaient attelés par couples, soit par les cornes, soit par le cou ; ce dernier mode était de beaucoup préféré. On en avait très-grand soin après le travail du labour. Les ânes et les mulets servaient pour les terres légères.

Un grand nombre d'instruments servaient dans l'agriculture romaine. Mais leur description laisse beaucoup à désirer et on n'a rien de très-précis à cet égard. D'après Caton, la charrue était de deux sortes ; l'une pour les terres fortes, l'autre pour les terres légères. Varron en mentionne une à deux *versoirs*, avec laquelle, dit-il, quand on laboure après avoir semé, on dit que l'on *sillonne*. Pline mentionne une charrue à un versoir, destinée au même usage, dont il y a, ajoute-t-il, plusieurs sortes. Les anciens avaient plusieurs charrues à versoirs et sans versoirs, à coutres et sans coutres, à roues et sans roues, à socs larges et à socs étroits ; ils avaient des socs dont non-seulement les pointes et les côtés étaient tranchants, mais qui avaient encore des sommets élevés et coupants. Au milieu de toute cette variété de charrues, personne n'a décrit la forme la plus simple de cet instrument d'une manière satisfaisante ou qui en donnât une idée exacte, pas même Virgile dans ses *Géorgiques*. Les autres instruments d'agriculture étaient à peu près semblables à ceux qui sont encore en usage aujourd'hui par nous, excepté les machines d'invention moderne.

La culture des terres était une grande et sérieuse opération chez les Romains. Caton entre, à cet égard, dans des détails qui en démontrent l'importance. La *jachère* était une pratique universelle à Rome ; elle était pratiquée après une seule moisson à moins que la fumure des terres ne fût assez abondante pour permettre deux récoltes consécutives. Pline dit cependant que certains sols privilégiés étaient semés tous les ans. La jachère recevait ordinairement trois labours, comme nous le pratiquons encore aujourd'hui en France. Cette culture avait pour but de soumettre les terres à l'action de l'hiver, à celle de l'humidité et à l'ardeur du soleil, pour les purifier des insectes nuisibles et des plantes parasites.

Chez les Romains, la fumure était tenue en si haute estime que l'invention en avait valu l'immortalité à Sterculius. Ils se servaient pour engrais de tous les produits végétaux, animaux, minéraux, fluvialistes et marins auxquels ont songé les modernes. Le fumier animal était divisé en trois classes : — des volatiles, des hommes, du bétail. — La colombine était mise en première ligne; venaient ensuite les excréments humains et l'urine. Varron dit que Pline exalte la fiente des grives de volière comme nourriture pour les porcs et les bœufs, et il affirme que rien ne les engraissait mieux et plus rapidement. Les engrais devaient être placés dans un trou bien étanché pour conserver le purin, et être abrités contre l'ardeur du soleil par des arbres plantés autour de ce trou. On semait, comme de nos jours, des plantes herbacées que l'on enfouissait dans le sol, par le labour, avant leur maturité, pour engraisser le sol. Caton recommande de brûler les arbres inutiles et d'en répandre la cendre sur le sol comme de l'engrais. Palladius dit que les terres engraissées avec des cendres de bois ne demandent pas de fumure pendant cinq années. On employait aussi la chaux comme engrais, notamment pour les vignes et les olivières. Caton donne des indications sur la construction des fours à chaux et la calcination des pierres. La *marne* était connue des plus anciens auteurs; mais elle n'était pas usitée en Italie. Elle est mentionnée par Pline comme ayant été trouvée en Bretagne et dans la Gaule, et il dit qu'elle était connue des Grecs. On a fait usage, de tout temps, du mélange des terres à titre d'amendement du sol, surtout des terres fortes avec les terres légères et réciproquement.

Chez les Egyptiens, les Juifs et les Grecs, le blé était lié en gerbes comme de nos jours. L'histoire de Ruth glanant parmi les gerbes, le rêve de Joseph dans lequel une gerbe se dresse, la moisson qu'Homère représente sur un des compartiments du bouclier d'Achille, en sont des preuves suffisantes. Il n'en était pas ainsi à Rome ; le blé était porté immédiatement sur l'aire et battu. On se servait, pour cet usage, des animaux domestiques et d'instruments pesants et incommodes, quelquefois de baguettes ou de fléaux. Au rapport de Varron, la fenaison avait lieu à peu près comme de nos jours. Seulement, le foin était mis en bottes dans la prairie même et transporté ainsi au fenil.

L'extirpement des mauvaises herbes et le nettoiement du sol étaient opérés en sarclant et en donnant des façons à la terre. On pratiquait aussi la culture à la houe à cheval dont Pline rapporte ainsi l'origine : *Nous ne devons pas omettre,* dit-il, *une méthode particulière de cultiver, alors pratiquée en Italie, de l'autre côté du Pô, et introduite par les ravages de la guerre. Les Salassi, ravageant les terres qui s'étendent au pied des Alpes, essayèrent probablement de détruire le panis et le millet qui commençaient à percer la terre. Trouvant que l'état de la récolte ne leur permettait pas de la détruire à la manière ordinaire, ils labourèrent les champs ; mais à la moisson, la récolte fut double de ce qu'elle était d'habitude et le fermier apprit ainsi à cultiver le blé avant sa croissance.*

Cette opération, à ce qu'il nous apprend, était faite quand la tige commençait à paraître ou quand la plante avait émis deux ou trois feuilles.

L'usage de faire pâturer ou herser le blé, quand sa croissance était trop vigoureuse, était pratiqué. *Quel éloge,* dit Virgile, *ferais-je de celui qui, de peur que son blé ne verse, le fait pâturer quand il est jeune, aussitôt que la tige arrive à la hauteur du sillon?* Pline recommande de herser le blé avant de le faire pâturer et de le sarcler ensuite.

L'irrigation était appliquée aux terres arables aussi bien qu'aux prairies. Virgile est clair à cet égard. Pline mentionne la même pratique. Columelle insiste d'une manière toute particulière sur l'irrigation des prairies. Les vieilles prairies étaient rompues et renouvelées par une culture de trois années, puis reformées par un nouveau semis d'herbes. L'irrigation était pratiquée jusqu'au moment où l'herbe montait en fleur ; on l'interrompait pour la fenaison et on la continuait ensuite.

La culture des arbres était aussi l'objet de soins particuliers. Caton entre à ce sujet dans d'assez longs détails.

Tous les préceptes d'agriculture émis dans la Bible, tous

ceux connus de nos jours étaient connus des Romains et mis en pratique parmi eux. Ils s'appliquaient à répandre, par tous les moyens possibles, la connaissance des choses relatives à l'agriculture. Ils recommandaient fortement de sages expériences aux fermiers. Que n'eût pas fait ce grand peuple si, désireux de s'instruire et de tout perfectionner, il eût disposé des puissants moyens d'action que donne la presse et dont nous jouissons aujourd'hui en France ?...

Les sciences cultivées par les Romains se rattachaient principalement aux sciences spéculatives et mathématiques. Ils ne savaient rien ni en chimie ni en physiologie et très-peu des autres branches de la philosophie naturelle. Leur progrès dans les arts pratiques fut entièrement l'effet de l'observation, de l'expérience et du hasard. Aucun de leurs écrivains n'a tenté de donner la raison des pratiques décrites. Ils donnent des instructions d'une manière absolue, ainsi que l'on peut le remarquer souvent dans Virgile et Columelle, où ils adoptent la forme historique, en apprenant au lecteur ce qui est fait par certaines personnes et en certains lieux, comme c'est la méthode ordinaire de Varron et de Pline. Toutes les fois que les phénomènes naturels ne sont pas envisagés d'une manière scientifique, on a recours aux causes surnaturelles. L'idée d'agents surnaturels une fois admise, on ne peut assigner de limites à son influence sur l'esprit. Dans l'ignorance des siècles primitifs, les esprits, bons ou mauvais, étaient supposés intervenir en toutes choses. De là, l'infinité de superstitions absurdes chez les Egyptiens et les Grecs, et le côté plus extravagant encore de leurs rites et cérémonies pour se rendre propice ou détourner l'influence nuisible de ces agents mystérieux. Hésiode n'attache pas une moins grande importance à désigner les jours heureux ou malheureux, pour l'exécution des travaux champêtres, qu'à décrire les travaux eux-mêmes. Homère, Aristote, Théophraste et tous les autres auteurs de l'antiquité, offrent plus ou moins cette teinte de superstition, beaucoup plus indélébile de nos jours qu'on n'oserait le croire.

Comme les Romains firent peu de progrès dans la science, ils firent peu également pour s'affranchir des superstitions de leurs devanciers. Ces superstitions se mêlaient à toutes les actions, à tous les arts de ce peuple et plus particulièrement encore à l'agriculture. En quelques cas, il importe de se mettre en garde pour lire les auteurs agronomiques, par exemple, en ce qui touche aux greffes d'espèces diverses, à la génération spontanée, à la transmutation des plantes dont Virgile, Pline et d'autres parlent comme de faits positifs, et que cependant tout physiologiste sait être impossible. D'autres faits rapportés violent trop évidemment les lois de la raison pour que personne puisse croire à leur possibilité. Parmi ceux-ci, on peut mentionner les jours lunaires, l'imprégnation des animaux par des vents particuliers, etc. Grâce à Dieu, si nous ne sommes pas complètement délivrés de ces énormités, elles ont peu cours parmi nous.

Il est impossible de découvrir jusqu'à quel point les Romains perfectionnèrent l'agriculture. Elle ne fut jamais plus prospère qu'au temps de Caton et de Varron jusqu'à Pline. Comme ces auteurs étaient les imitateurs des Grecs, il est présumable qu'on n'a pas fait mieux à Rome qu'en Grèce. Quand Rome fut en possession de toutes les richesses de l'univers, les Romains purent avoir de plus belles volières, de plus beaux parcs, une plus grande variété d'arbres à fruits, sans pour cela que l'agriculture proprement dite ait été perfectionnée. A cet égard, Noé et ses fils, les Egyptiens, les Babyloniens, les Grecs peuvent avoir été aussi avancés que les Romains. Rien n'indique le contraire.

Le seul grand service que les Romains ont pu rendre à l'art agricole et à l'Humanité, c'est la diffusion de cet art chez les peuples, par leurs conquêtes presqu'universelles.

Dans la vieille Gaule, l'agriculture n'existait pas. La vie nomade de nos premiers pères s'opposait à la pratique d'un art dont la condition essentielle est d'abord la fixité de la demeure. L'agriculture ne fut donc presque point pratiquée en Germanie, si ce n'est sur les bords du Rhin. La plus grande partie du pays était couverte de forêts et de marécages. La chasse et les pâturages formaient les principales occupations de nos pères quand ils n'étaient pas en guerre. D'après César, l'agriculture fut apportée en Bretagne, environ 150 ans avant notre ère, par des colonies belges. Ces colonies commencèrent par cultiver les côtes ; mais les indigènes de l'intérieur du pays vivaient de racines, de baies, de chair et de lait ; ils n'avaient jamais goûté de poisson. Pline rapporte que l'usage de la *marne* était connu des Bretons, et Diodore décrit leur manière de conserver le blé, en l'étendant en épis dans des excavations ou dans des greniers.

Mais les Romains eurent sans doute une grande influence sur l'extension générale de l'agriculture en Bretagne. Le tribut d'une certaine quantité de blé qu'ils imposaient à chaque partie du pays à mesure que leur domination s'y étendait obligea les habitants de s'adonner au labourage. D'après l'exemple des conquérants aussi bien que par suite de la richesse du sol, ils produisirent bientôt une quantité de blé suffisante pour leur propre usage et pour celui des troupes romaines ; ils eurent même, chaque année, un excédant considérable pour l'exportation. L'empereur Julien, au IV$^{e}$ siècle, construisit des greniers pour recevoir ce blé ; en une certaine occasion, il envoya même une flotille de *huit cents* bâtiments pour recevoir ce blé et le transporter à l'embouchure du Rhin, d'où il remonta ce fleuve pour venir au secours des habitants dont le pays avait été pillé.

L'état dans lequel se trouva la France, pendant les premiers siècles de notre ère, ne permit pas à l'agriculture de se développer et de profiter solidement des enseignements des vainqueurs. Pendant les siècles d'anarchie et de barbarie qui suivirent la chute de la puissance romaine, l'agriculture dut être sinon totalement abandonnée, au moins fort négligée. Dans ces temps de troubles incessants, le pâturage devait être préféré au labourage : on ne pouvait ni cultiver ni semer, puisqu'on n'avait pas la certitude de récolter. Il n'en était pas ainsi pour les troupeaux ; on pouvait les cacher à l'ennemi ou fuir avec eux à son approche. Mais les barbares, destructeurs de tout, respectaient les choses saintes. Leur foi primitive les amena à ne pas toucher aux établissement religieux. Dans les monastères, relevés en petit nombre d'abord, furent conservés les débris des lettres et des arts. Les habitants de ces pieuses retraites où le travail, la frugalité, la vertu et la science se donnaient la main, purent, en peu de temps, grâce à leur position favorisée par Dieu et aux concessions des riches guerriers, acquérir des possessions étendues. Les terres monacales furent cultivées, par des serviteurs qui vinrent s'y grouper, sous la direction des prêtres qui, pour des instructions, avaient recours aux auteurs romains qui avaient traité d'agriculture et qui, de même que tout autre livre alors existant, se trouvaient presqu'exclusivement dans leurs bibliothèques. Nous savons peu de choses des progrès de l'agriculture dans ces circonstances pendant près de dix siècles jusqu'à l'époque où elle commença à renaître en Europe parmi les populations laïques. Tout ce que l'on peut en connaître résulte des lois qui, toutes, surtout celles des Francks, sont favorables à la culture du sol. Il est fréquemment parlé du cheval. On distingue le cheval de guerre du cheval de ferme, ce qui montre que cet animal était employé à la culture. Les chevaux, le gros bétail et les moutons étaient mis au pâturage dans les forêts et sur les *communs*, après que l'on avait pris la précaution de mettre des clochettes au cou à quelques-uns d'entre eux pour les retrouver plus facilement. La culture des vignes et des vergers fut grandement encouragée par Charlemagne, au IXe siècle. Il planta nombre de vignobles sur les terres de la couronne dans toutes les parties du pays, et il inséra dans ses *capitulaires* des instructions spéciales pour leur culture. Une de ces injonctions, renouvelée des anciens, est de ne pas attacher à la même charrue un bœuf et un âne.

Pendant les IXe et Xe siècles, la France fut exténuée de guerres civiles et l'agriculture déclina. Préciser le degré de son abaissement est chose impossible. Une loi, rendue dans cette période, touchant le labourage des terres d'un seigneur par son fermier, porte que si les animaux sont trop faibles pour qu'on en puisse laisser quatre tout un jour à la charrue, le fermier réunira ces animaux à ceux d'un autre fermier et qu'il donnera deux jours de travail au lieu d'un. Celui qui n'avait pas de bête de travail à lui était tenu de travailler pour son seigneur trois jours comme laboureur. Dans les XIe et XIIe siècles, la France put jouir d'une plus grande tranquillité et l'agriculture s'améliorer. D'après l'abbé Suger, les terres de Saint-Denis furent mieux tenues. On perfectionna la construction des fermes. On cultiva des terres en friches. Les rentes furent plus que doublées. Durant cette courte période, l'Eglise, que l'on trouve dans toutes les grandes choses, publia plusieurs canons pour la sécurité de l'agriculture. Et ces mesures durent nécessairement avoir un résultat utile, les grandes terres étant généralement alors aux mains du clergé. Le XIIIe siècle vit l'inauguration des moulins à vent. Au XIVe et au XVe siècles, l'agriculture eut fort à souffrir des conquêtes des Anglais ainsi que des règlements politiques relatifs à l'exportation et au prix de vente des blés. Vers le milieu du XVIe siècle, paraît le grand ouvrage d'agriculture composé en France. Il a pour titre : *Moyen de devenir riche*, et fut composé par le *potier*

*Bernard Palissy*, qui avait écrit sur divers sujets. Charles-Etienne avait déjà fait un ouvrage spécial d'agriculture, composé de divers traités sur l'horticulture, les vignobles, les bois, les prés, etc. Vint ensuite l'admirable *théâtre d'agriculture et mesnage des champs, d'Olivier de Serres*... Cet ouvrage prouve que l'agriculture fit, pendant quelque temps, des progrès rapides qui furent entravés presqu'immédiatement dans leur marche par la guerre civile, par la défense de l'exportation des blés, sous Louis XIV, par la dépopulation des campagnes à la fin de son règne, et enfin par l'administration de Law et du cardinal Fleury. L'édit solennel de 1754 les ranima. Mais la grande impulsion fut produite par les malheurs de la France et par sa triste situation à la fin de la guerre de sept ans. La nation, privée de la plupart de ses colonies, sentit la nécessité de tirer parti de son sol, de perfectionner son agriculture et son industrie, si elle voulait remonter au rang dont les suites de cette guerre l'avaient fait descendre.

Les moyens les plus sûrs de parvenir promptement au but qu'on désirait atteindre étaient inconnus. Ils furent recherchés par les hommes qui dirigeaient la nation. Des plans savamment conçus furent combinés. Mais leur exécution échoua pour des raisons contre lesquelles la puissance humaine sera perpétuellement en défaut. La France, alors, n'était pas régie par des loisuniformes. Plusieurs provinces, par l'acte de leur réunion directe à la monarchie, avaient stipulé la conservation de leurs lois particulières et de leurs privilèges. C'étaient autant d'Etats séparés qui mettaient obstacle à l'exécution d'un plan général. Ils tenaient d'autant plus à leurs privilèges qu'ils avaient été privés de tous les droits attachés à la nature de l'homme, et ils s'opposaient à toute innovation dans leur situation, quelqu'avantageuse qu'elle pût être, parce qu'ils supposaient toujours que tousles changments proposés parle gouvernement n'avaient d'autre but que son intérêt particulier.

D'un autre côté, les simples cultivateurs croupissaient dans une ignorance profonde et les préjugés existants tendaient à les y maintenir. Si ces cultivateurs n'étaient pas assujettis au joug de la glèbe, dans la presque totalité des provinces de la France, grâce à la bienfaisance et aux intérêts bien entendus de la famille régnante, ils étaient considérés comme une espèce inférieure bien distincte des hommes qui seuls jouissaient de tous les priviléges et avantages de la société. En vain quelques-uns de nos rois cherchèrent-ils à leur donner un peu de considération. Quelle considération pouvait-on attacher à un état dont les membres vivaient dans la plus crasse ignorance, état qu'ils ne quittaient que pour remplir les fonctions de la domesticité ? On ne pouvait songer à détruire cette ignorance parce que les privilégiés étaient convaincus que, dès que la classe inférieure de la nation serait instruite, elle formerait une masse de demi-savants qui ne voudraient subir aucun joug, pas même celui des lois les plus salutaires, et dont aucun n'embrasserait l'état de son père. On ne croyait pas à ce principe salutaire que le plus sûr moyen de maintenir les bonnes mœurs, l'ordre public, l'amour de son état, c'est de donner à chacun une éducation relative à l'art qu'il doit exercer. Pour nous, d'après les statistiques criminelles de tous les pays civilisés, bien loin de craindre que l'instruction pénètre dans les masses, un bon gouvernement doit désirer que chaque membre de la société qu'il gouverne acquière les connaissances les plus étendues sur les parties essentielles à son état, comme sur tous ceux des devoirs dont il aura à s'acquitter dans le cours de sa vie. Ce principe est particulièrement applicable à la France. Les services que la monarchie a rendus à la France, en détruisant la servitude et la féodalité, ont habitué ce peuple à attribuer au souverain tout le bien dont il jouit, tout le mal dont il est victime. Il est donc certain que plus le peuple sera instruit, plus il sera heureux ; que plus il sera heureux, plus il s'attachera aux causes de son bonheur, c'est-à-dire au gouvernement qui le lui assure.

Dans les temps dont nous parlons, les routes étaient dans le plus mauvais état. Il n'y avait que deux canaux dans le royaume pour la navigation intérieure. Des plans, conçus par des hommes éclairés et dévoués à la France, restaient sans exécution par l'impossibilité de se procurer des fonds. Dans ces conditions, on doit donc considérer comme un prodige tout ce que l'on fit sous le règne de Louis XV, pour établir quelques grandes routes, surtout si l'on calcule les difficultés que le Gouvernement éprouva de la part des propriétaires.

Tel était l'état des choses lorsque Louis XVI monta sur le trône. Ce prince aimait les cultivateurs. Il rendit en leur faveur plusieurs ordonnances utiles. Mais il n'avait pas le grand et ferme caractère d'Henri IV. Les circonstances ne le favorisaient pas. La guerre qu'il eut à soutenir, et dont les dépenses augmentèrent beaucoup l'arriéré et les embarras du trésor, le mit dans l'impossibilité d'exécuter des plans qui eussent amélioré la culture et la situation du cultivateur. Il réussit néanmoins dans deux entreprises utiles à l'agriculture : il parvint à tirer d'Espagne le premier troupeau de mérinos et à fixer l'attention du cultivateur sur cette race de moutons. Deux autres importations eurent lieu sous le même règne : celle de 1787 fut l'origine du beau troupeau de Rambouillet qui a fourni la preuve évidente que cette race peut prospérer en France sans dégénérer. Ce fut sous Louis XVI que furent fondées les écoles vétérinaires d'Alfort et de Lyon, qui ont fourni un grand nombre de savants dans cette science si essentielle et si négligée jusqu'à cette époque. Enfin, ce monarque continuait de protéger les sociétés d'agriculture, fondées sous le règne précédent, lorsqu'il réunit les états généraux, plus connus sous le nom d'Assemblée Constituante.

Ici, l'Assemblée Constituante n'est remarquable que par l'effet de ses lois relatives à la culture et aux cultivateurs. Sous ce rapport, son action fut immense et produisit des effets surprenants. La destruction de toutes les lois féodales encore subsistantes; l'abolition des corvées; la division des fortunes colossales par le partage égal entre tous les enfants, d'où résulta la division des terres; la suppression de toutes les barrières qui empêchaient la circulation des denrées ; celle de plusieurs impôts sur le sel, substance si nécessaire dans les campagnes pour la nourriture des bestiaux et pour l'engrais; enfin, la suppression de la dîme, débarrassèrent tout-à-coup l'agriculture d'une partie des obstacles principaux qui entravaient sa marche. D'un autre côté, la présence d'un simple cultivateur dans cette assemblée en qualité de député et la nomination d'un grand nombre aux places de maires et d'officiers municipaux rendirent, pendant quelque temps, à l'agriculture, la considération qu'elle avait eue jadis quand la charrue était conduite par la main triomphante des consuls et des dictateurs romains. Aussi, beaucoup de propriétaires ne rougirent-ils plus de cultiver eux-mêmes leurs terres et se procurèrent-ils facilement des bras par suite de la disparition du sol français de toutes les congrégations religieuses.

L'élan donné était tel que la crise qui suivit et les réquisitions forcées d'hommes et de denrées ne purent que l'affaiblir sans parvenir à l'arrêter entièrement. Sous le gouvernement directorial, l'émulation se ranima dans tous les départements qui ne furent pas exposés à la guerre civile, le plus terrible des fléaux qui font le malheur de l'humanité. Sous ce gouvernement, de nouvelles importations de mérinos eurent lieu et répandirent cette race précieuse dans plusieurs départements. On employa les béliers, trop multipliés en raison du nombre des brebis, à couvrir celles de race française. Il en résulta une nouvelle source de richesses pour la prompte multiplication d'une race de métis qui fournirent une toison plus belle et plus précieuse que celle de leurs mères. Les soins à donner aux mérinos et à leurs métis, lesquels exigeaient une meilleure et plus abondante nourriture que celle fournie aux moutons communs, et le désir d'en augmenter le nombre, firent adopter un nouvel assolement par lequel on diminua beaucoup la quantité de terres en jachères, pour les remplacer par des prairies artificielles.

L'agriculture était en voie de progrès sérieux quand Napoléon parut. Cet homme incomparable aurait accéléré les progrès de l'art le plus utile, s'il eût reçu une autre éducation, ou plutôt s'il eût eu la possibilité de se livrer plus spécialement aux arts qui rendent les empires florissants et qui font le bonheur des peuples et de ceux qui les gouvernent. Mais, élevé dans une école militaire, accoutumé de bonne heure aux principes d'une obéissance passive qu'on retrouve aussi bien à l'armée que dans les cloîtres, ne connaissant d'autres lois que la voix de ses supérieurs, il crut, quand il fut chef souverain, que sa volonté devait être, était tout. Il suivit la marche d'Auguste, avec cette différence que, se sentant une supériorité réelle pour la guerre et avide de conquêtes, il occupa principalement les Français de la gloire militaire et mit au premier rang ceux qui se rangèrent sous ses étendards.

Pour faire la guerre à des peuples braves et accoutumés aux dangers, il fallait beaucoup d'hommes et d'argent ; il fallait surtout maintenir l'esprit militaire par des récompenses. Des honneurs furent créés ; l'or fut répandu à profusion ; la noblesse héréditaire fut rétablie. Ainsi l'agriculture fut privée d'une partie des bras qui fécondaient, par le travail, les champs français. En doublant les impôts, on enleva aux propriétaires une partie des capitaux qu'ils pouvaient employer à l'exploitation de leurs terres. Enfin, le rétablissement des priviléges, en ennoblissant d'autres professions, diminua considérablement celle du cultivateur.

Dès le commencement, les succès surprenants des armées françaises, les contributions importantes tirées des peuples vaincus, et la perspective d'une paix prochaine, firent espérer l'établissement d'un ordre stable d'autant plus avantageux que l'on comptait que les produits de l'industrie française continueraient à circuler librement chez les peuples vaincus et que l'agriculture ne manquerait ni de bras ni d'argent. Mais la guerre continuait; les levées d'hommes devenaient plus considérables; les contributions plus fortes; bientôt, le gouvernement, pour se créer de nouvelles ressources, crut pouvoir traiter les cultivateurs comme les soldats, non par des primes, comme l'avait fait Henri IV, lorsqu'il avait voulu encourager la culture des mûriers blancs pour la nourriture des vers à soie, non par les récompenses prodiguées aux militaires et aux courtisans, mais par un seul acte de sa souveraineté. Le sucre manquait à la France; un ordre émané du trône força tous les cultivateurs de couvrir de betteraves une quantité déterminée de terres. L'ordre était donné et exécuté avant que l'on eût eu le temps d'élever la dixième partie des fabriques nécessaires pour l'emploi de ces betteraves. Les cultivateurs se découragèrent immédiatement d'une culture qui, étendue progressivement et en raison des moyens d'emploi de ces racines, eût produit un bénéfice suffisant pour encourager l'agriculteur et le fabricant de sucre, comme l'expérience l'a démontré depuis. Les mérinos, répandus à si grande peine dans toute la France et qui eussent bientôt fourni autant de laines que les fabriques pouvaient en consommer, parurent au gouvernement un moyen sûr de vivifier l'agriculture et d'augmenter les impôts. Bientôt des agents, connus sous le nom d'inspecteurs, se répandirent dans les campagnes, vinrent y troubler les cultivateurs dans leur domicile et leur intimer l'ordre de traiter leurs mérinos conformément à leurs instructions et de n'en vendre qu'avec leur participation. Dans le même temps, des millions de balles de laine, prises aux Espagnols par le droit de la conquête, étaient importées, vendues à vil prix en France et mettaient les cultivateurs dans l'impossibilité de tirer parti des produits de leurs troupeaux.

Un pareil ordre de choses ajouté au dépeuplement des campagnes, par suite des guerres qui absorbaient toutes les forces vives de la nation, devait arrêter les progrès de l'agriculture et jeter l'inquiétude dans la classe des cultivateurs. Le découragement vint nécessairement; il était tel, en 1814, que les propriétaires de mérinos cherchaient à s'en défaire à tout prix. Si le gouvernement eût permis l'exportation de ce bétail, en même temps que celle des laines, la France aurait perdu alors la plus grande partie de ces animaux précieux. Cependant, Napoléon était disposé à encourager l'agriculture dont il comprenait toute l'importance. Son génie était trop élevé pour qu'il ne se manifestât pas dans cette circonstance. Il pourvut à l'établissement de plusieurs sociétés d'agriculture. Il agrandit le *jardin* national; enfin, il fit créer plusieurs jardins botaniques ou économiques. Il aurait refait habilement et en très-peu de temps ce qui n'a pas été tenté depuis son abdication, s'il fût resté le maître de la nation, car rien d'utile et de grand ne pouvait lui échapper.

Sous la Restauration, l'essor de l'agriculture fut plus vif. Lorsque la paix eut été rétablie en France et que les anciens officiers de l'empereur, comme les consuls et les conquérants romains, eurent échangé leur épée contre la charrue, ils firent jaillirent l'éclat de la profession qu'ils quittaient sur celle qu'ils embrassaient. Ils répandirent autour d'eux la connaissance de procédés dont ils avaient été témoins dans les pays étrangers et des lumières personnelles beaucoup plus complètes et plus parfaites que celles possédées par la classe ordinaire des agriculteurs. C'est pendant cette période que fut fondée l'école forestière de Nancy, sous Louis XVIII, et que la société d'horticulture se forma sous les auspices de Charles X, pendant le règne duquel furent promulgués le code forestier et la loi sur la pêche fluviale. Mais la Restauration, que l'opposition soupçonnait de viser au rétablissement de l'aristocratie territoriale, se voyait entravée à chaque pas, même dans les mesures qui auraient pu être favorables à l'agriculture.

Sous le gouvernement de juillet, une plus grande liberté fut donnée à l'agriculture. C'est depuis lors qu'elle a le plus rapidement avancé. Les progrès ont été tels depuis 1789 que ses produits ont pu s'élever d'environ 40 p. 0/0. La plus grande part dans l'accroissement de ces produits doit être attribuée à la subdivision de la propriété territoriale en un beaucoup plus grand nombre de mains qui la cultivent, sinon avec plus de science, du moins avec plus d'efforts et plus d'économie ; à la vente des biens de la noblesse et du clergé ; aux défrichements ; à la généralisation de la culture des pommes de terre dont Parmentier a été le promoteur ; à l'introduction des prairies artificielles ; au perfectionnement qu'ont reçu les races ; à l'éducation mieux entendue des animaux domestiques ; au grand développement qu'a pris l'entretien des mérinos ; enfin, aux généreux efforts d'agronomes de premier ordre, particulièrement à ceux de Mathieu de Dombasle, pour propager les doctrines de l'agriculture rationnelle. Toutes les sciences sont venues au secours de l'agriculture : la géologie, la physiologie animale, la physiologie végétale, la chimie, la physique, la mécanique : chacune a payé largement son tribut. Les anciens instruments ont été perfectionnés ; on en a inventé de nouveaux. Un vaste système de chemins, la plus belle et la plus grande œuvre du gouvernement de Louis-Philippe, a été organisé. Enfin, rien n'a été négligé, depuis trente ans surtout, pour nous faire conquérir le rang que nous devons occuper un jour et auquel nous aspirons de toute la puissance de notre être.

Mais c'est surtout sous le gouvernement actuel que l'agriculture a reçu la plus vigoureuse impulsion. L'Empereur s'en est préoccupé et s'en préoccupe avec une sollicitude incessante. Aucune mesure n'est négligée pour lui rendre ou lui donner l'éclat et la prospérité désirables. De tous côtés se sont élevées des sociétés placées sous son auguste patronage pour lui donner, par des milliers de canaux, la force et la vie. — Des concours immenses, bien qu'imparfaits, auxquels assistent toutes les notabilités de la France, sont ouverts tous les ans dans les régions créées à cette fin. L'Empereur lui-même s'occupe du défrichement des Landes, du dessèchement des marais et des étangs. Il a déjà été pourvu, sous son règne, à la fixation des dunes sur les cours d'eau, à l'amélioration des animaux domestiques, au défrichement des terres communales incultes, à la pratique légale des irrigations et du drainage, à l'établissement du crédit foncier, à l'enseignement professionnel de l'agriculture, à l'organisation des chambres consultatives d'agriculture, à la proposition d'un projet de code rural, monument législatif qui va être soumis aux Chambres, etc., etc.

Enfin le mouvement en avant se produit sur tous les points de l'Empire, et il est peut-être plus rapide aujourd'hui que dans aucun autre pays du monde, précisément parce que de tous côtés et particulièrement du cabinet des Tuileries on reconnaît que nous sommes trop en retard.

Pour porter l'agriculture au plus haut degré de perfection, il reste à faire aimer cet art par ceux qui s'y livrent. Il suffira pour cela de les faire jouir de la considération qui leur est due à raison de leurs travaux, de les soustraire aux exactions des charlatans de tous ordres qui les exploitent avec une désespérante effronterie, particulièrement des spéculateurs parisiens, et au mépris des classes privilégiées qui les ont tenues jadis sous le joug. L'agriculture aime la paix et la liberté. Elle ne peut prospérer dans l'anarchie ou dans le servage. Elle redoute d'autant plus les priviléges héréditaires, que la plupart de ceux qui les possèdent rougiraient de se livrer à la pratique de cet art et que les cultivateurs sont d'autant moins considérés qu'il existe des membres dans la société qui se croient leurs supérieurs par le seul fait de leur naissance. L'exemple de ces derniers a toujours empêché beaucoup de propriétaires riches de se livrer à la culture de leurs terres, abandonnées aux soins de fermiers qui ont d'autant moins d'intérêt à les bonifier ou à les améliorer, qu'une telle façon de faire les exposerait à une augmentation de prix de ferme, au renouvellement d'un bail souvent trop court, pour qu'ils puissent s'indemniser de leurs avances et de leurs travaux. Il se peut qu'une sage politique ou des circonstances que nous n'avons point à juger aient amené le rétablissement de la noblesse héréditaire et que son extension en France devienne praticable. Mais nous préférerions qu'elle n'existât pas ou qu'elle fût personnelle, afin d'exciter l'émulation en forçant les enfants à s'instruire, à travailler, à rendre des services à l'Etat, pour être dignes des honneurs et des titres de leurs pères. Les priviléges entraînent presque toujours l'égoïsme à leur suite ; il est de l'essence de ceux qui les possèdent de travailler à les étendre. S'ils y parviennent et qu'ils puissent rivaliser de puissance avec le souverain, ils entravent ses meilleures opérations et arrêtent l'essor de ses intentions les plus bienveillantes, les effets des lois les plus sages. L'anarchie prend alors la place de l'ordre et fait rétrograder la marche des méthodes les plus utiles. Si les privilégiés sont forcés de céder, ils adoptent le principe de l'obéissance passive et ils profitent de l'absolutisme du souverain pour exercer un pouvoir arbitraire sur les autres classes de la société. Alors la tranquillité règne partout dans la nation ; mais l'émulation s'éteint, la population diminue, la bonne agriculture disparaît, et l'Empire perd réellement sa vraie puissance et sa splendeur. C'est ce qu'on a vu arriver dans plus d'un État. On n'ignore point que l'agriculture fut presqu'anéantie sous le despotisme des empereurs romains, et que ce fut une des causes principales de la destruction de cet empire immense, dont la culture était confiée à des esclaves incapables de le défendre comme de le conserver, et d'étendre les bons principes d'un art qui est la base fondamentale des Etats. On sait également que l'anarchie, qui a longtemps régné dans le royaume de Pologne, par le fait de la noblesse, a constamment nui aux progrès de l'agriculture dans ce royaume, comme elle a causé le partage de ses provinces. La France peut aussi servir d'exemple pour prouver ce que nous avançons. Pendant qu'elle fut livrée au système féodal, ses terres furent mal cultivées et l'on perdit de vue jusqu'aux leçons qu'on avait reçues des Grecs et des Romains. L'agriculture y a fait des progrès à mesure que le servage a été aboli et que les cultivateurs y ont été plus ménagés et plus considérés. Le comté de la Flandre ou les Pays-Bas, régi par des lois plus douces que les autres parties de la France, est la première province où l'agriculture ait été régénérée ; cette contrée est devenue en quelque sorte, pour cet art, une terre classique où les autres peuples de l'Europe sont venus apprendre à tirer un bon parti de leur sol. Notre gouvernement se préoccupe trop de notre agriculture pour ne pas voir cette situation. Espérons donc que puisqu'il veut fermement la faire prospérer, sa sollicitude s'étendra à tous les moyens, même à ceux moraux et honorifiques, et que des récompenses de l'ordre supérieur seront données à qui les aura sérieusement méritées par des services éminents rendus à l'agriculture pratique et théorique, c'est-à-dire à la nation. — Ces récompenses seront certainement les mieux placées de toutes, à tous les points de vue, parce qu'elles s'appliqueront à la classe qui en est la plus déshéritée, qui est la plus nombreuse, et qui concourt le plus efficacement à assurer la subsistance, la prospérité matérielle et morale de la France.

# II

## SIMPLE DISSERTATION

### SUR L'AGRICULTURE COMME PUISSANCE CIVILISATRICE ET COMME SOURCE DE PROPRIÉTÉ MATÉRIELLE ET MORALE.

> Vous dormirez un peu, vous sommeillerez un peu, vous mettrez un peu les mains l'une dans l'autre pour vous reposer ; et l'indigence vous viendra surprendre comme un homme qui marche à grands pas ; et la pauvreté se saisira de vous comme un homme armé. Que si vous êtes diligent, votre moisson sera comme une source abondante et l'indigence fuira loin de vous. SALOMON. — *Proverbes.*

Les poètes ne vivent pas toujours de la vie réelle. Souvent ils secouent la poussière de leurs pieds et s'élèvent dans les nuages. On les prend alors pour de pauvres rêveurs parce que l'on ne saurait les suivre. Pourquoi les blâmer, quand ils n'ont plus le courage de respirer au milieu des miasmes de notre triste terre et qu'ils s'efforcent de monter vers Dieu ? Ah ! s'écrie-t-on, que faire avec eux ? Ils perdraient l'humanité, si on les écoutait. Soyons plus justes et examinons ce qu'ils nous disent :

« *Avez-vous quelquefois réfléchi à ce qu'était le patriotisme ?*
« *Ecoutez : Sans doute, pour l'homme religieux, pour le philo-*
« *sophe, pour l'homme d'Etat, la patrie se compose d'abstractions*
« *sublimes ; la patrie, c'est la succession continue d'une race hu-*
« *maine possédant le même sol, parlant la même langue, vivant*
« *sous les mêmes lois et qui, ne mourant jamais, se perpétue en se*
« *renouvelant toujours, comme un être immortel qui n'a que Dieu*
« *avant lui et Dieu après lui. Mais, pour les hommes des champs,*
« *la patrie est quelque chose de plus sensuel, de plus réel, de plus*

« *près du cœur. Ce qu'il aime dans la patrie, c'est ce petit nombre*
« *d'objets auxquels son âme s'est attachée toute sa vie, c'est la*
« *maison, c'est la famille, ce sont toutes ces images sensibles deve-*
« *nues des sentiments pour lui. Riche ou pauvre, peu importe;*
« *c'est le toit et l'espace de sa vie. Il y a autant de patriotisme*
« *dans le petit champ que dans le grand domaine ; il y a autant*
« *de patriotisme dans la masure dégradée et couverte de chaume et*
« *de mousse que dans la demeure élevée et resplendissante au*
« *soleil. C'est pour cela qu'on vit, c'est pour cela qu'on meurt avec*
« *joie quand il faut le défendre contre la profanation du pied*
« *étranger.* » A. de Lamartine.

Oui, l'agriculture et tout ce qui s'y rattache fait le bon citoyen ! Oui, elle fait la famille et le patriotisme ! C'est elle qui a produit tous les grands hommes de l'Univers depuis le berceau du monde, puisqu'elle a été la mère de toutes les civilisations; c'est elle encore qui fait l'orgueil et la gloire de notre patrie en la nourrissant; car c'est elle qui a arrosé de son sang généreux les champs de la Crimée et ceux de la Lombardie ; c'est elle qui, demain, s'il le faut, blanchira de ses ossements tous les champs du monde. L'officier suit avec dévouement sa carrière dans les batailles. La guerre, c'est sa profession. Que fait le soldat arraché à sa charrue et à ses affections? Il combat avec énergie et, fidèle au devoir et au drapeau, il meurt sans bruit et sans espoir de récompense, en héros, sous les yeux de son souverain, loin de sa mère en pleurs et du foyer qui l'a vu naître, pour sauver son pays et pour l'honneur national. Pendant ce temps, que fait-on au village? On laboure péniblement, sans les bras dont on a besoin, le sillon qui nourrit la France, et on prélève, sur son produit, la solde du guerrier et le prix de ses funérailles. Que peut-on demander à l'agriculture qu'elle ne soit prête à donner? Le poète n'a-t-il pas raison de dire : « *L'agriculture fait le bon citoyen ; et pourquoi ? C'est qu'elle fait la famille, c'est qu'elle fait le patriotisme.* »

Certains économistes trouvent que l'on chante trop l'agriculture, que l'on en parle trop, que l'on ne voit qu'elle et qu'on la gâte, qu'on la perd en agissant ainsi. Quoi donc mérite autant qu'elle d'être mis au premier rang des choses de ce monde? N'est-elle pas le premier élément de vie des sociétés, le lien qui en réunit tous les membres dans une étroite cohésion, la mère de tous les arts et de toutes les industries? Que peut devenir un Etat sans elle? Qui féconderait, sans elle, toutes les sources de l'alimentation et de la prospérité nationale? Et, dans ces conditions, ce ne serait pas vers elle que devraient se tourner tous les regards de ceux qui rêvent un meilleur avenir pour leurs semblables?

L'agriculture florissante dans un empire, c'est le développement de toutes les forces intellectuelles, matérielles et morales, le rayonnement de la prospérité, de la joie et du bonheur jusqu'au fond de la plus chétive cabane, la santé générale, le calme des esprits et la paix publique. L'agriculture souffrante, en décadence, c'est la disette en expectative, l'appauvrissement intellectuel, matériel et moral, le débordement des mauvaises passions, la nuit dans les cœurs et les âmes, le flot révolutionnaire poussant vers l'abîme, le désespoir et la mort. Quand le navire sillonne l'onde sur la mer bleue et tranquille portant de gais matelots, il aborde heureusement au port au milieu des chants de joie, car il apporte l'abondance et le bonheur; quand il vogue sur une mer houleuse, quand la tempête se déchaîne et brise ses flancs, quand il disparaît sous la vague, matelots et passagers se jettent dans un frêle esquif avec un vain espoir de salut. La famine les rend antropophages et le dernier qui reste succombe de faim, de désespoir et de rage. Telle peut être l'image de la patrie, grand navire social voguant sur l'océan de la vie, suivant que son agriculture rendra le flot humain calme et tranquille ou mugissant et terrible.

L'agriculture est si bien la vraie, l'inépuisable source de toutes les richesses, de toutes les prospérités que les contrées les plus florissantes de la France sont celles où elle est le plus en honneur. Qui fait que certains départements, le Nord par exemple, renferment une population quintuple de beaucoup d'autres, des industries immenses et puissantes, si ce n'est le génie de l'agriculture? Le Nord compte 1,158,285 habitants et ne possède que 567,863 hectares de terres; nous avons des départements de moins de 300,000 habitants qui ont plus de 625,000 hectares de terre, soit 800,000 habitants de moins et 60,000 hectares de terres de plus. Que l'on tienne le compte que l'on voudra de ces proportions; on ne pourra pas contester une chose évidente pour tous les statisticiens, à savoir : que le Nord est un département agricole et industriel par excellence.

On pourra dire que les terres du Nord sont plus fertiles que celles des autres départements, qu'il y a tout au moins une grande étendue de cette catégorie ; soit. Mais on ne niera pas que sur 625,000 hectares de terres les autres en aient au moins le tiers qui valent celles du Nord, et que le surplus pourrait, dans une période d'années assez restreinte, être considérablement amélioré. Que ne ferait-on pas déjà avec les bonnes terres si leur culture était étendue comme elle l'est dans le Nord ?

Quels sont les départements de la France où l'on rencontre à la fois les plus délicieux paysages, le plus d'aisance et de bien-être, le plus de modestes fortunes, le plus d'attachement au pays, de vrai patriotisme et où les mœurs sont les plus pures, sinon ceux où l'agriculture a pris de sérieux développements et où elle reçoit chaque jour la plus vigoureuse et la plus intelligente impulsion ? Ici, ce sont des fils de propriétaires qui, après avoir fait les meilleures études et même leur droit, viennent reprendre la charrue et vivre de la double vie des champs et de l'intelligence sous l'œil de Dieu ; là, ce sont des ingénieurs fermiers qui industrialisent tous les produits du sol et qui donnent aux contrées qu'ils habitent une activité et une prospérité inconnues avec eux. Rien n'est ménagé par les uns et par les autres pour provoquer les améliorations que le sol et sa culture comportent. La vie animale et la vie végétale sont étudiées avec une infatigable persévérance ; on tire parti de tout avec une habileté et une sagesse qui surprennent ; d'innombrables troupeaux peuplent les étables et les bergeries, fertilisent les champs et nourrissent le pays. Les lumières se répandent avec une merveilleuse rapidité. La théorie et la pratique se donnant la main, gagnent de proche en proche et rendent la vraie, la saine science agricole accessible à tous.

L'agriculture donne toutes les choses indispensables à l'existence. Ses nombreux produits servent de matière première à d'innombrables industries et, par leurs soins, se transforment à l'infini. Donc, quand on décuple ses produits, on centuple l'activité nationale et sa richesse. Bien des fois, dans le cours de notre carrière, nous avons entendu un grand nombre d'individus se plaindre de la cherté des céréales, du prix élevé de la viande, du beurre, des œufs, et ces plaintes étaient certainement fondées à un point de vue. Que révélaient-elles sinon le mauvais état de l'agriculture ! Si l'agriculture était en honneur et en grande prospérité ; si par l'activité humaine les terres produisaient ce qu'elles peuvent donner ; si les cultivateurs possédaient les capitaux suffisants pour peupler leurs étables et leurs bergeries, croit-on donc que l'abondance ne ferait pas le bon marché? La population vivrait mieux et plus facilement, le cultivateur profiterait réellement de ses travaux et les terres s'engraisseraient par la même raison et deviendraient plus fertiles. Rien sans peines. Nous sommes obligés de conquérir notre subsistance à la sueur de notre front. — Donc il nous faut travailler. Plus nous travaillerons, plus nous déploierons d'intelligence et d'activité dans notre travail, meilleures seront les conditions de notre existence. Voulons-nous surtout obtenir à bas prix le pain, le vin, la viande, tous les produits du règne animal et du règne végétal dont nous avons un besoin absolu? Employons les moyens que Dieu nous a donnés pour cela : consacrons tous nos premiers efforts à l'encouragement et au développement de l'agriculture, en poussant vers elle les forces de production qui doivent la servir : l'*instruction*, les *capitaux*, les *garanties* qu'elle réclame. Les bras et les intelligences lui resteront fidèles, les terres s'amélioreront, les étables se rempliront et chacun trouvera, dans cette situation, les avantages qui en sont inséparables.

C'est pour nourrir l'Empereur et sa cour, tous les grands dignitaires de l'Empire, tous les fonctionnaires publics, la noblesse, le clergé et la bourgeoisie, les artistes et les artisans des villes, tous ceux qui vivent de leurs fonctions, de leur intelligence, de leurs propriétés, de leurs sueurs ; c'est pour féconder les arts, l'industrie et le commerce ; c'est même pour nourrir l'innombrable population de débauche et de ténèbres qui encombre toutes les villes et surtout Paris ; en un mot c'est pour substanter la patrie dans tous ses éléments d'ordre et de désordre que l'agriculture travaille. Que deviendrait notre immense population et celle qui raille, exploite et ronge l'agriculture, si elle ne subsistait? Comprendra-t-on enfin que l'on ne saurait trop s'occuper d'elle, la défendre, la soutenir, la protéger, l'encourager, la féconder? Comprendra-t-on que tous les efforts faits par les hommes de bien, dans ce but, sont des efforts en faveur de la patrie toute entière et que plus ils seront heureux plus l'on devra s'en applaudir?

Dans beaucoup de départements, la routine est la seule science des masses agricoles. Aucune grande institution ne vient leur apporter la lumière. Tout ce qui a été tenté jusqu'à ce jour a été d'une regrettable imperfection, d'une déplorable insuffisance. Quand marchera-t-on hardiment, d'un pas ferme et sûr, dans la voie des améliorations et du progrès? Espérons que ce jour est près de nous. Déjà de grandes mesures sont réclamées; partout l'attention s'éveille, l'opinion se fait; chacun cherche : on trouvera donc, car Dieu a dit à l'homme : *Aide-toi, le ciel t'aidera*, et cette grande et éternelle vérité n'a pas encore été démentie depuis l'origine du monde.

L'agriculture a encore un autre but que le développement de l'activité et de la richesse nationale. C'est elle qui nous crée de puissants moyens de défense. Comment recruterions-nous notre cavalerie sans le concours de l'agriculture? Depuis longtemps nous sommes tributaires de l'étranger pour la remonte de nos chevaux; que dans un moment de grand besoin on vienne à nous fermer les frontières, que deviendrons-nous? La cavalerie n'est-elle pas une grande force de l'armée? La cavalerie la mieux montée n'est-elle pas celle qui a le plus d'avantages sur les autres? Ne serait-ce pas pour nous un grand malheur, si nous étions obligés de nous résigner à une cavalerie misérable et sans valeur?

Nous sommes fiers de notre nation; c'est là un sentiment très-beau qui ranime et réchauffe notre courage; mais sommes-nous fiers de la France, à bon droit, justement, pour toutes choses? Sous le rapport de l'agriculture il faut bien reconnaître que nous ne sommes pas les premiers du monde; sous le rapport hippique nous arrivons en *dixième* ligne. Ainsi, en Danemarck, on trouve 45 chevaux pour 100 habitants, tandis qu'en France on arrive à 8 chevaux pour 100 habitants. Cela ne démontre-t-il pas la faiblesse relative de notre agriculture? Nous possédons en France un peu plus de 3,000,000 de chevaux et cependant il est prouvé d'une manière à peu près absolue que nous ne pouvons bien fournir notre cavalerie, puisque pendant plus de 20 ans nous avons été obligés d'acheter annuellement près de 25,000 chevaux à l'étranger et que nous n'en avons exporté qu'une moyenne de 5 ou 6,000. A quoi cela peut-il donc tenir? Ces chiffres ont pour nous une éloquence navrante.

On ne saurait trop répéter et redire les vérités fondamentales parce que c'est le meilleur moyen de les graver dans les esprits : nous ne concourrons pas pour un fauteuil à l'Académie; nous concourrons seulement pour le bien et peu nous importe la forme de notre langage et les répétitions qui la déparent. L'agriculture étant la mère de tous les arts, de tous les commerces, de toutes les industries, l'agent principal de la force nationale, de la prospérité publique, la source de notre alimentation, doit, forcément, absolument, être le but des premiers efforts sociaux. Tout s'enchaîne dans la saine économie d'un peuple; tout part d'un principe invariable. L'agriculture est comme un immense anneau qui retient toutes les cordes de la vie humaine dans la diversité de sa manifestation. Si, au lieu de renforcer sans cesse cet anneau que le temps use, on le ronge soi-même, on s'expose à le voir se briser : alors n'étant plus retenu tout peut rouler pêle-mêle dans les abîmes et occasionner ainsi la plus effroyable des confusions. Que l'on y pense sans cesse, toujours, qu'on se le dise, qu'on le répète à la nation et à ceux qui la gouvernent : on ne saurait trop y penser, le dire et le redire à tous en général et à chacun en particulier.

# III

## SIMPLE DISSERTATION

### SUR L'ÉDUCATION DES FEMMES DANS SES RAPPORTS AVEC L'AGRICULTURE ET L'ÉCONOMIE GÉNÉRALE.

> La femme sage bâtit sa maison ; l'insensée détruit de ses mains celle qui était déjà bâtie. La femme vigilante est la couronne de son mari, et celle qui fait des choses dignes de confusion fera sécher le sien jusqu'au fond des os. La femme sage rend captive l'âme de l'homme, laquelle n'a point de prix ; l'insensée l'éloigne, sa maison penche vers la mort et ses sentiers mènent aux enfers. SALOMON. — *Proverbes.*

Nous aimons la femme avec toutes les tendresses, toutes les délicatesses de sentiment qu'elle sait si bien inspirer, si bien mériter quand elle comprend son beau rôle, la grandeur de sa mission sur la terre. Ne sommes-nous pas le fils, le frère de la femme et ce que nous avons de meilleur en nous ne vient-il pas d'elle? Qui donc n'a aimé ou n'est encore assez heureux pour aimer sa mère ou sa sœur?

Est-ce à dire que, parce que nous aimons la femme de toutes les forces de notre cœur, nous n'aurons pour elle que des flatteries ou des faiblesses, que nous lui élèverons un piédestal et que nous nous prosternerons jusque devant ses plus regrettables imperfections? Non! Nous sanctifierons toujours ce qu'il y a de beau et de bien en elle; mais par la raison que nous voulons louer à notre aise, librement, nous voulons aussi combattre ce que nous considérons comme funeste et dangereux, pour donner plus de force et de dignité à la louange. Si l'on daigne nous entendre et si nous pouvons faire un peu de bien, notre vœu le plus cher sera exaucé.

Ceci dit, abordons maintenant notre sujet. Il est bien épineux, bien délicat; nous froisserons plus d'une susceptibilité et nous recueillerons plus d'un blâme. Nous en serons désolé d'abord, mais nous nous consolerons bien vite si nous avons la contre-partie ! Peut-on contenter tout le monde, plaire à tout le monde? L'essaiera qui voudra et réussira qui pourra.

C'est par l'horticulture que nous voulons amener la femme à aimer l'agriculture. Nous nous occuperons donc plus spécialement ici du moyen qui nous paraît le meilleur de ceux que nous pouvons employer pour atteindre notre but.

L'horticulture a été en honneur chez tous les peuples policés. Elle a charmé la vie de tous les hommes qui ont aimé la nature et ses merveilles ; elle a été, est, et sera toujours la consolation de ceux que le malheur a frappés.

Béranger disait :

Heureux qui, dans le sein de l'amitié fidèle,
Libre de tous ses fers, transfuge des amours,
Cache dans ses jardins l'automne de ses jours.

L'horticulture, bien comprise, sagement encouragée, peut exercer une influence immense sur l'état moral et les destinées d'une grande nation. Voilà ce que nous voulons essayer de démontrer rapidement et simplement.

Qu'est l'horticulture aujourd'hui dans la plupart des communes de la France ? Trouve-t-on beaucoup de localités où les habitations soient entourées de jardins, de vergers, où le maître ait reçu les premières notions d'un art sans lequel l'agriculture elle-même est incomplète et imparfaite? Le bon propriétaire, homme honorable à tous égards, a bien d'autres soucis vraiment que celui de s'occuper de charmer l'existence de sa famille. Son étable d'abord, l'agrandissement de son domaine ensuite, voilà l'horizon qu'il donne à ses rêves. Une étable bien garnie, des champs nombreux, n'est-ce pas là le moyen le plus sûr d'avoir de bons profits et de pouvoir faire donner à ses enfants une instruction brillante, une autre position que la sienne, comme si la profession d'agriculteur n'était pas la plus noble, la plus élevée, la plus sainte de toutes. Le brave homme ne voit, dans sa condition, que les rudes labeurs qu'elle exige, sa chaumière enfumée plus malsaine que l'étable, son pain noir et sa blouse sale. Vivant plus souvent sous l'œil de Dieu que dans sa demeure, il n'en prend nul soin. A quoi lui servirait un palais et ses dépendances, puisqu'il ne l'habiterait que pour dormir? Il ne comprend la vie des villes que par sa manifestation apparente : il ne se doute ni de ses misères ni de ses profonds désespoirs. Dans ce qu'il voit, tout l'enchante. Que son fils lui paraisse un *monsieur*, sa fille une *grande dame*, sans se préoccuper à quel prix l'un achète son habit noir et l'autre sa crinoline, il se croit grandi dans sa propre estime. Pauvre père ! pauvre famille ! le bonheur vous a quittés pour le semblant du bonheur.

Aussi bien est-ce la faute du bon cultivateur? N'est-ce pas plutôt un mal résultant d'un vice social, mal qu'il subit sans s'en douter? Pourquoi n'essaierait-il pas, lui aussi, de soustraire sa famille à la vie des champs, quand il a tant vu d'individus se bien trouver de ce nouveau régime? Se doute-t-il, peut-il se douter des causes qui le poussent à se jeter, lui et les siens, dans un affreux précipice? La culture des champs donne-t-elle bien exactement la science de la vie? Ce que l'on ne connaît pas bien paraît toujours beau, surtout à l'homme simple et droit. Il voit des apparences de succès, et sans s'inquiéter sur quelles bases ces succès reposent, au prix de quels sacrifices ils ont été obtenus, il veut ces succès pour son fils et pour sa fille, et il croit pouvoir les leur procurer. Pourquoi le fils de Jean Claude, avec beaucoup de terres, ne ferait-il pas mieux, ou tout au moins aussi bien, que le fils de Jean Pierre, qui n'avait pas de terres? Là-dessus, la folle du logis galoppe sans connaître d'obstacles et jette tout dans le gouffre ouvert sous les pas de tous les hommes, par la cruelle que l'on nomme *l'expérience.*

Il y a là une lacune immense. A qui appartient-il de la combler? A tous, répondrons-nous, si le gouvernement ne s'en charge pas. Ce qui est du domaine de tous nous appartient pour une partie ; cette partie, nous venons la cultiver de toutes nos forces, et comme notre puissance est insuffisante, nous demandons à tous un loyal concours.

Qu'on le veuille ou non, la femme est l'âme de toutes les familles, de toutes les maisons, de tous les empires. Notre orgueil a beau se révolter, nous avons beau vouloir nous croire les maîtres de toutes choses ici-bas, chacune de nos actions n'en est pas moins soumise à l'influence de la femme. Cette influence est bonne ou mauvaise, salutaire ou pernicieuse, suivant les conditions dans lesquelles elle s'exerce; mais apparente ou occulte, elle n'en est pas moins réelle. Voilà le grand nœud gordien, messieurs les législateurs, et si vous ne voulez pas apprendre le moyen de le dénouer, si, dans votre superbe, vous vous croyez des êtres au-dessus de la femme, si vous dédaignez de bien et scrupuleusement accomplir les devoirs qui vous sont imposés à son égard, toutes choses n'iront que de mal en pis.

Démontrons ce que nous venons de dire.

La femme ne joue-t-elle pas le rôle le plus important dans la famille? N'est-elle pas plus de la moitié de l'homme? N'est-ce pas elle qui gouverne tout ce qui est précieux? En cette qualité, n'exerce-t-elle pas une influence immense? N'est-elle pas l'âme de tous les projets de son mari, le stimulant de son courage, son ange consolateur dans ses peines, son médecin dans ses douleurs? Ne double-t-elle pas sa joie dans ses succès, ne l'arrête-t-elle pas au bord des abîmes et ne le soutient-elle pas dans la bonne voie?

Si la femme est tout cela comme femme, que n'est-elle pas comme mère, ô mon Dieu! N'est-ce pas elle qui met au monde, au milieu de douleurs infinies, l'enfant d'un noble amour, l'être participant de deux existences, la vivante image de deux personnes unies par le plus sacré des liens? N'est-ce pas elle qui allaite le jeune rejeton, lui apprend à bégayer le premier mot d'amour, le réchauffe mille et mille fois sur son sein, lui forme le cœur et le conduit, avec une sollicitude sans bornes, jusqu'au moment où, homme ou femme, il va former à son tour le noyau d'une nouvelle famille?

*Rien n'est nouveau sous le soleil et nul ne peut dire : voilà une chose nouvelle, car elle a déjà été dans les siècles qui se sont passés avant nous.* Telles sont les paroles de l'Ecclésiaste, fils de David et roi de Jérusalem.

Partant de là, ce que nous disons n'est pas nouveau et n'en est pas plus faux, n'est pas une affaire de pure imagination, un sale roman comme il y en a tant aujourd'hui qui empoisonnent la société. C'est prouvé par Salomon, le Père de la Sagesse, qui s'exprime ainsi :

I. *Paroles de Lamuel, roi.* Vision prophétique par laquelle sa mère l'a instruit.

II. Que vous dirai-je, ô mon fils bien-aimé? Que vous dirai-je, ô cher fruit de mes entrailles ? Que vous dirai-je, enfant chéri et souhaité par tant de vœux ?

.......................................................

X. Qui trouvera une femme forte ? Elle est plus précieuse que ce qui s'apporte des extrémités du monde.

XI. Le cœur de son mari met sa confiance en elle, et il ne manque point de dépouilles.

XII. Elle lui rendra le bien et non le mal pendant tous les jours de sa vie.

XIII. Elle a acheté la laine et le lin, et elle a travaillé avec des mains sages et ingénieuses.

XIV. Elle est comme le vaisseau d'un marchand qui apporte son pain de loin.

XV. Elle se lève lorsqu'il est encore nuit ; elle a partagé le butin à ses domestiques et la nourriture à ses servantes.

XVI. Elle a considéré un champ et l'a acheté ; elle a planté une vigne du fruit de ses mains.

XVII. Elle a ceint ses reins de force et elle a affermi son bras.

XVIII. Elle a goûté et elle a vu que son trafic est bon ; sa lampe ne s'éteindra point pendant la nuit.

XIX. Elle a porté sa main à des choses fortes et ses doigts ont pris le fuseau.

XX. Elle a ouvert sa main à l'indigent ; elle a étendu son bras vers le pauvre.

XXI. Elle ne craindra point pour sa maison le froid ni la neige, parce que tous ses domestiques ont un double vêtement.

XXII. Elle s'est fait des meubles en tapisserie ; elle se revêt de lin et de pourpre.

XXIII. Son mari sera illustre dans l'assemblée des juges lorsqu'il sera assis avec les sénateurs de la terre.

XXIV. Elle a fait un linceul et l'a vendu et elle a donné une ceinture au Chananéen.....

XXV. Elle est revêtue de feu et de beauté et elle rira au dernier jour.

XXVI Elle a ouvert sa bouche à la Sagesse et la loi de la clémence est sur sa langue.

XXVII. Elle a considéré les sentiers de sa maison et elle n'a point mangé son pain dans l'oisiveté.

XXVIII. Ses enfants se sont levés et ont publié qu'elle était très-heureuse ; son mari s'est levé et l'a louée.

XXIX. Beaucoup de filles ont amassé des richesses ; mais vous les avez toutes surpassées.

XXX. La grâce est trompeuse et la beauté est vaine ; la femme qui craint le Seigneur est celle qui sera louée.

XXXI. Donnez-lui du fruit de ses mains et que ses propres œuvres la louent dans l'assemblée des juges.

Ces paroles, écrites il y a *trois mille ans* par le roi Salomon, sont-elles une démonstration suffisante de l'influence de la femme ? Qui donc pourrrait la contester, cette influence ? Qui donc pourrait dire hautement que les générations ne sont pas, au point de vue moral surtout, telles que les femmes les forment ? Ceci admis, qui donc pourrait nier qu'il ne faut pas donner à la femme une éducation en rapport avec les grands devoirs, la sainte mission qu'elle est appelée à remplir, et chercher, par tous les moyens possibles, à lui rendre facile l'accomplissement de ses devoirs ?

Rentrons plus spécialement dans notre sujet et continuons nos démonstrations. Examinons la situation de la femme dans les campagnes surtout.

Le cultivateur qui jouit d'une honnête aisance veut donner à sa fille une *éducation* en rapport avec sa fortune. Il l'envoie, à l'âge de douze ans, au pensionnat avec les jeunes filles de la ville qui sont habituées à toutes les séductions du luxe. Là, les pauvres petites n'entendent parler que de fêtes, de plaisirs, de toilette, toutes choses qu'une jeune intelligence ne saurait apprécier et ne voit qu'à travers l'illusion de son jeune âge, les folles espérances de l'adolescence, le prisme trompeur mis devant ses yeux. Là, elle apprend sa grammaire, les éléments des sciences que l'on enseigne au pensionnat, s'occupe de toutes les frivolités et à faire tous les petits colifichets possibles. C'est, pourvue de ce beau bagage, c'est l'intelligence ainsi défrichée, l'esprit ainsi cultivé, le cœur ainsi formé, l'âme ainsi élevée, qu'elle rentre sous le toit paternel, où le père ose à peine la saluer, où la mère la montre avec orgueil à toutes les jeunes filles de l'endroit. Comment cette malheureuse enfant pourrait-elle aimer la maison de son père, les occupations fort peu poétiques, mais cependant très-honorables de sa mère, le sol qu'elle foule aux pieds et qui l'a vue naître, la chaise de bois sur laquelle elle s'est tant de fois assise près du grand foyer de la cuisine pour réchauffer ses petits membres engourdis par le froid ; l'étable dans laquelle, enfant, elle aimait tant à voir courir les animaux domestiques ; enfin, le lit rustique dans lequel elle a dormi toutes les heures de la candeur et de l'innocence ? N'est-ce pas une folie d'avoir une telle prétention ? Mais qu'est tout cela pour elle, comparé aux salons, aux fauteuils de ses petites amies de la ville ? N'y a-t-il pas là de quoi rougir à chaque heure, pleurer de désespoir, mourir d'ennui et de douleur ? Et l'on voudrait que cette pauvre enfant aimât l'agriculture, trouvât, dans la vie champêtre, les charmes qu'elle prodigue à tout être intelligent ; qu'elle en comprît l'incomparable poésie et qu'elle se décidât à tous les travaux manuels de l'exploitation ; à salir à chaque heure ses blanches mains ; à devenir la douce et dévouée compagne d'un bon et vigoureux cultivateur, la mère de robustes enfants, le noyau béni d'une patriarcale famille, vivant heureuse et contente au milieu d'un air pur, respiré à pleine poitrine sous l'œil de Dieu ? Non ! Tout lui paraît pénible et rebutant : elle rougit du simple langage, de la modeste mise, des grossiers repas, des rudes occupations des auteurs de ses jours, quand elle ne rougit pas d'eux-mêmes. Rien autour d'elle ne la relève à ses propres yeux. Aucun de ses rêves enfantins, de ses châteaux bâtis sur le sable, ne se réalise. La vérité lui apparaît dans toute sa sévérité ; elle pleure, se désespère et son désespoir achève de lui fausser le sens moral déjà bien oblitéré par une éducation détestable, et elle veut fuir à tout prix l'enfer dans lequel elle se croit tombée. Elle ne veut point d'un cultivateur comme elle et plus riche qu'elle. Si un *monsieur sérieux* ne la recherche pas, elle se donne à un *monsieur apparent*, ou elle va achever de se perdre en retournant dans les villes courir vainement après les splendeurs évanouies de ses premiers rêves. Après bien des déceptions cruelles, quand le navire n'a pas sombré complètement, *on se fixe* comme on peut, mais sans apporter dans la nouvelle condition les qualités qu'elle exige impérieusement pour le bonheur commun. La position produit peu et les besoins sont immenses. On suit le progrès du luxe parce qu'on y est habitué. On a reçu la même éducation que la jeune fille de la ville et on veut l'égaler en tout point : la misère s'installe au foyer ; le bonheur fuit définitivement, et le vide qu'il laisse se comble par toutes les tristes chutes, par tous les malheurs que chacun connaît.

Tels ne sont-ils pas les fruits d'une éducation comme on la donne aujourd'hui?

Mais quel est le remède, objectera-t-on? Essayons de le proposer. S'il est admis par toute personne intelligente et sincèrement amie de son pays, que nous venons de signaler un mal réel, le remède sera bien vite trouvé.

Le plus grand des biens pour l'homme, ou pour la femme, c'est de défricher solidement son intelligence, d'orner son esprit d'une science réelle et surtout utile et pratique, de former son cœur et d'élever son âme. L'éducation, dans ces conditions, loin d'être funeste, rendra d'immenses services. Pour cela, il faut rechercher dans l'enseignement que l'on peut donner aux femmes, quel est celui qui réunit ces conditions. Pour nous, il n'y en a qu'un, — l'étude des sciences naturelles, appliquées à l'économie rurale, au ménage des champs, aux besoins de la vie domestique. Est-ce ou non praticable? là est toute la question.

La religion est la base de toutes les sociétés, de toutes les familles, le lieu sans lequel rien dans le monde ne saurait rester debout. L'instruction de la femme doit donc être chrétienne. L'instruction chrétienne commencée par la mère est continuée à l'école et achevée par le prêtre : elle arrive naturellement, et sans prendre beaucoup de temps et pendant les mille moments de la vie qui seraient perdus s'ils n'étaient consacrés à Dieu. Elle ne s'oppose donc point à la culture des facultés morales et intellectuelles à appliquer aux besoins de la vie.

La bonne femme et la bonne mère faisant le bon ménage, la bonne famille, la bonne société, il faut instruire la jeune fille sur la nature et la portée de tous les devoirs qu'elle devra remplir comme fille, comme femme et comme mère. Pour cela, il n'y a que des habitudes à lui faire contracter dès sa plus tendre enfance, des préceptes solides à lui inculquer dans l'esprit; et cette action, pour exiger d'être continue, incessante, pour devoir commencer dès les premiers pas de l'enfant et être continuée jusqu'à l'instant où il va former une nouvelle famille, n'exige encore que des moments très-rares qui ne prennent rien ou presque rien sur le temps qui doit être consacré à l'instruction proprement dite.

Précédée et toujours accompagnée de cette éducation première, l'instruction proprement dite arrive ensuite. L'instruction est le plus grand et le plus précieux des biens, puisqu'il ne se perd que par la folie ou la mort et que nul ne saurait le ravir. Une femme solidement instruite doit donc être une femme plus accomplie qu'une autre. Mais est-ce à dire, en poussant le principe à sa limite extrême, qu'il faut faire d'une femme un savant en toutes choses ? Loin de nous une pareille hérésie. Qu'on lui donne toute l'instruction littéraire, historique, mathématique, géographique, cosmographique et physique nécessaire pour l'accomplissement de ses devoirs et l'agrément de sa vie, cela nous paraît suffisant. Les hautes sciences sont le patrimoine de l'homme, pour faire ses affaires, pour qu'il puisse, lui, bien remplir ses devoirs, différents en tous points de ceux de la femme, et elles ne seraient d'aucune utilité à la femme dans la position où Dieu l'a placée : elles demandent de trop fortes études et trop de temps, même pour être imparfaitement possédées par les plus habiles et les plus privilégiés. Il faut donc à la femme limiter ses études. Nous ne prescrivons rien et nous ne saurions fixer de limite ; cela ne nous concerne pas. Mais si la femme peut recevoir l'instruction dont nous venons de parler, au degré que l'on voudra, pourquoi cette instruction ne serait-elle pas complétée par l'enseignement des sciences naturelles ? Sont-elles plus inabordables que les autres ? Ne peut-on pas enseigner à la femme les principaux éléments du règne minéral, du règne animal et du règne végétal dans leurs rapports plus nombreux et plus indispensables qu'on ne veut le croire avec les besoins de la vie domestique ? Quand on aurait enseigné à une femme assez de minéralogie pour qu'elle se rendît compte des grandes divisions du globe et comment toutes choses s'y trouvent et s'y transforment par le travail ; assez de physiologie animale pour connaître les familles d'animaux, le bon usage, la bonne éducation de tous ceux qu'elle peut approprier aux besoins de sa vie et le moyen de se débarrasser de tous les animaux nuisibles ; assez de physiologie végétale pour connaître sérieusement la vie, la culture et l'usage de toutes les céréales de ses champs, de tous les arbres de son verger, de tous les légumes de son potager, de toutes les fleurs de son parterre ou de ses serres, croit-on que cela ne vaudrait pas mieux que de lui enseigner le dessin, la musique, la chorégraphie et toutes sortes d'autres inutilités luxueuses, bonnes pour les grandes maisons et les grandes familles que l'on ne peut égaler? Où est l'obstacle, même en ne sacrifiant pas les inutilités, les frivolités dont nous venons de parler? Pour le règne animal, ne peut-on pas se borner, dans ses enseignements, à des généralités suffisantes pour se bien conduire dans la vie privée, sans qu'il soit besoin d'approfondir les grands problèmes de la vie animale et de porter ainsi atteinte à l'innocence et à la pureté de la vierge?

Il ne suffit pas de donner à la jeune fille une instruction appropriée aux devoirs qui l'attendent; il faut encore lui donner le moyen d'utiliser cette instruction à tous les points de vue. Nous avons dit que la plupart des habitations rurales étaient enfumées, humides, privées de lumière, malpropres, et cela n'est que trop vrai. A peine sont-elles pourvues d'un triste et sale potager, quand il existe. Il faut donc transformer encore ces habitations en un chalet coquet, bien exposé aux rayons du soleil, à l'action de la lumière et y réunir, sans luxe, les commodités de la vie, tout le confortable rustique. Il faut les entourer d'un parterre, d'un potager, d'un verger, où tous les beaux et utiles produits de l'horticulture viendront orgueilleusement s'étaler et faire la gloire et le bonheur de leur propriétaire, l'ornement de sa demeure et l'agrément de sa table.

Et que l'on ne vienne pas nous dire que tout cela constitue des dépenses hors de la portée des cultivateurs. Celui qui peut payer l'instruction de ses enfants dans une ville et faire aussi d'autres sacrifices, tout en agrandissant son domaine, peut encore se créer une habitation et des dépendances comme il doit les avoir pour rendre ses sacrifices profitables. En bonne logique, il doit commencer même par là. S'il veut faire aimer sa demeure à sa fille et qu'elle ne la quitte pas un jour par le dégoût qu'elle en éprouverait, il faut qu'il la lui rende coquette, souriante, gracieuse dès son enfance, et qu'éloignée, de douces images la rappellent à son souvenir et lui inspirent le vif désir d'y revenir s'y abriter.

La femme instruite suffisamment dans les sciences naturelles trouverait alors dans ce qui l'entourerait des occupations qui charmeraient sa vie, un élan solide de vrai bonheur. Les services de toute nature qu'elle pourrait rendre dans cette situation dépassent tout ce que l'imagination peut rêver. Le parterre, le potager et le verger ne sont-ils pas de sûrs moyens de bien employer pour tout le personnel de la maison, maîtres et domestiques, les nombreux instants qui ne peuvent être consacrés à la grande culture? Et puis, niera-t-on que les produits de l'horticulture n'offrent pas des ressources immenses à un ménage important. La femme, rehaussée à ses propres yeux, trouvant dans son intérieur et autour de soi toutes les jouissances de la vie des champs, ne craindrait plus de devenir l'épouse d'un honorable et bon cultivateur.

Nous savons, à n'en point douter, qu'il est difficile d'amener brusquement la transformation dont nous venons de parler. Le bien a ceci de caractéristique qu'il ne se produit que lentement. L'éducation à donner, comme nous la comprenons, serait difficile et pénible tout d'abord, parce que l'on n'aurait à opérer que sur de jeunes intelligences que rien n'a préparées. Mais il n'en serait plus de même quand des mères auraient été bien formées. Les enfants sucent tout avec le lait,— les qualités, les vices et la science de leurs parents. — Leur jeune imagination s'imprègne d'une manière indélébile de tout ce qu'elle voit. La pratique, les explications incessantes du père et de la mère leur ouvriraient donc un vaste champ d'explorations; l'étude serait rendue plus facile et viendrait tout perfectionner, tout fixer définitivement dans leur esprit, tout achever en peu de temps.

Au lieu de ces femmes, qu'avons-nous, le plus souvent, pour mères de famille, quand la jeune fille n'a pas été profondément empreinte, par une bonne mère, des sentiments de vertu qui rendent facile l'accomplissement de tous les devoirs? Que sont ces légères jeunes filles, ornées de chiffons, accessibles à toutes les frivolités, à tous les caprices que l'humaine nature peut enfanter, contractant tous les défauts qui rendent la vie insupportable, excitant toutes les inimitiés et toutes les haines, incapables de dévouement, même du dévouement maternel, jetant un pâle éclat dans ce qu'elles considèrent comme les premiers beaux jours, perdant leur bonheur, leur honneur, celui de leur famille et de leurs enfants, et finissant dans la plus effroyable misère matérielle et morale?

Les premiers pas de la vie de l'homme sont incertains et chancelants; à chaque heure il tombe, parce que le danger est toujours devant lui par la femme même. Quand il est sorti sain et sauf de sa première et cruelle expérience, quand il entre dans la vie sérieuse, dont il n'aurait pu s'écarter s'il n'eût point trouvé de femme comme il y en a tant, quand enfin il veut devenir le chef d'une famille, que peut-il faire s'il tombe sur une de ces créatures frivoles sans force morale, sans valeur réelle que pour le plaisir, sur un de ces colifichets d'un jour, aussi indignes d'être épouses que d'être mères ? Le malheur, avec toutes ses rigueurs, n'est-il pas au bout de ces tristes unions ? Les générations qui en résultent peuvent-elles mentir à leur origine, ne pas être abâtardies, appauvries? Qui ne connaît et ne voit tous les jours la représentation de lamentables histoires dues à l'absence de tous les principes, à une instruction manquée, à un vice radical d'éducation de famille? Que peut valoir, en effet, une femme ne connaissant que les héros de romans d'une littérature corrompue et en débauche ; ne songeant ni à son père, ni à sa mère, ni à son mari ; ne s'occupant point des enfants, abandonnant son ménage, où brille un luxe chétif, aux soins de mercenaires qui en complètent la ruine?

Le roman et les joies trompeuses qu'il préconise en dépravant le cœur par la surexcitation fiévreuse d'une fausse sensibilité, voilà ce que la fille des champs apprend à aimer dans les villes, sous le nom de plaisir, de bonheur et ce qu'elle veut avoir à tout prix.

Notre tableau est sombre ; mais qui pourrait dire qu'il n'est pas vrai ? N'en trouve-t-on pas, dans toutes les villes de France, de trop nombreuses et trop fidèles copies ?

L'austérité de notre critique ne va pas, cependant, jusqu'à proscrire toutes les joies de la société. Il en est beaucoup de naturelles, d'honorables, d'inoffensives. Il y a aussi un luxe permis. La femme sage peut rehausser ses charmes naturels avec les beaux et bons produits des arts et de l'industrie, avec le fruit du travail de ses mains ; mais ce luxe doit être prudemment réglé sur la position que l'on occupe et les possibilités du budget du ménage. La bergère ne doit pas avoir la prétention d'égaler l'Impératrice dans sa toilette et mettre en folles parures le pain de sa famille, l'honneur de sa maison.

Nous avons pris pour mission de remédier de toutes nos forces à la triste situation dont nous venons de parler ; nous voulons y arriver par l'horticulture. Encouragée comme elle doit l'être dans nos villes et dans nos campagnes, surtout par les véritables dames au cœur haut placé, à l'esprit sérieusement cultivé et qui comprendront admirablement la portée de nos vœux, elle donnera des jouissances matérielles et morales, incomparables et elle réagira infailliblement sur l'agriculture.

L'agriculteur, trouvant enfin la compagne qui seule peut charmer ses jours, s'attachera au sol et s'efforcera d'apporter, dans sa profession, l'activité, l'intelligence nécessaires pour faire le bonheur de sa famille. Puissamment secondé par son entourage, il s'évertuera à trouver, pour les siens, de meilleurs procédés de culture, le moyen de faire rendre à la terre tout ce qu'elle peut donner : il augmentera, dans des proportions immenses, la richesse publique et le bien-être général.

Qu'on se le dise, qu'on le répète et qu'on le croie bien. Dans tous les temps, l'agriculture a sauvé les nations ; c'est la première et la plus sainte des occupations de l'homme ; elle ne saurait être trop soutenue, trop encouragée, trop honorée : les efforts de tous doivent donc tendre vers ce but. Mais elle ne peut jamais prospérer sans la femme. La femme ne peut aimer l'agriculture qu'autant qu'elle lui est rendue attrayante ; — l'agriculture ne lui est rendue attrayante qu'autant qu'elle y trouve profit et bonheur ; qu'autant que sa demeure est habitable, que son intelligence, sagement éclairée, est tournée vers ce but et qu'elle a autour d'elle, proprement et artistement groupés, tous les produits de l'horticulture et du règne animal utiles aux besoins domestiques ou propres à charmer les yeux.

En résumé, les sciences naturelles, particulièrement celles applicables à l'horticulture et au ménage des champs, peuvent exercer une influence immense sur les femmes. — Les femmes donnant naissance aux générations nouvelles et étant appelées à former leur intelligence et leur cœur, exercent à leur tour une influence incontestable sur l'agriculture. — L'agriculture étant le premier et le plus impérieux des besoins d'une société, le plus précieux des arts, ne peut être efficacement encouragée qu'autant que la position qu'elle fait aux femmes leur paraîtra convenable et bonne. Toutes les savantes méthodes de culture, tous les encouragements échoueront devant une résistance invincible, si le mal n'est frappé dans sa source. Le premier, le plus efficace des encouragements, c'est de tourner l'esprit des auteurs des générations, de ceux qui les élèvent et les forment, vers l'agriculture et de ne rien négliger pour atteindre ce but : ce but ne peut être atteint que par un enseignement de tous les jours, que par les efforts combinés du gouvernement, des maîtres de l'instruction, des hommes intelligents, de tous ceux à qui a été confiée une partie de la puissance publique ou qui s'intéressent à la chose publique. Nul n'a plus d'intérêt à cela que les grands propriétaires, parce qu'ainsi les campagnes ne seront plus désertées, les terres ne seront plus laissées en friche et que l'on pourra trouver des fermiers. Nul ne doit plus sérieusement le vouloir que le gouvernement lui-même, parce que c'est le meilleur élément de paix et de prospérité, la plus efficace des politiques. Nous voudrions donc que les programmes de toutes les écoles comprissent au premier rang des obligations de l'enseignement des femmes les sciences naturelles, telles que nous les avons définies ou autrement, et que nul ne pût donner l'enseignement sans remplir cette condition essentielle ; que des prix considérables fussent fondés par l'Etat, les départements, les communes et les sociétés spéciales pour récompenser dignement les institutrices, les jeunes filles et les femmes qui auraient fait ou fait faire des progrès sérieux dans ces sciences et les utiliseraient pour l'agriculture. Nous avons fait notre devoir : — à tous ceux qui en ont un à remplir de faire le leur. Dans le nombre de nos lecteurs, nous aurons quelques lectrices, — *ce que femme veut, Dieu le veut,* dit un vieux proverbe ; si notre raisonnement leur a paru juste, qu'elles daignent nous seconder ; qu'elles demandent hautement de sages réformes dans l'instruction à donner à leurs enfants : — leur voix éloquente sera entendue et le bien s'opèrera. N'en convertirions-nous que dix, n'en gagnerions-nous qu'une à notre doctrine, que nous serions largement récompensé des peines que nous prenons pour faire un peu de bien.

# IV

## SIMPLE DISSERTATION

### SUR LA MISSION DES MAIRES, DES CURÉS, DES INSTITUTEURS DANS SES RAPPORTS AVEC L'AGRICULTURE ET L'ÉCONOMIE GÉNÉRALE.

> Donnez une occasion au sage et il en deviendra encore plus sage ; enseignez le juste et il recevra l'instruction avec empressement. Le conseil le gardera et la prudence le conservera. La racine des justes est inébranlable. L'homme prudent s'instruit sans peine. La sagesse de l'homme est de bien comprendre sa voie ; l'imprudence des insensés est toujours errante. Celui qui aime la correction aime la science ; mais celui qui hait les remontrances est un insensé. Celui qui marche dans un chemin droit est méprisé de celui qui marche dans une voie infâme. SALOMON. — *Proverbes*.

Le maire, c'est le Souverain de sa commune, de son village. Qu'est-ce qu'une commune ou un village, sinon une agglomération, plus ou moins compacte, de *deux ou trois cents maisons* dans lesquelles la famille est plus ou moins nombreuse, plus ou moins fortunée, plus ou moins laborieuse? La Commune passe-t-elle avant l'Etat ou l'Etat passe-t-il avant la Commune? C'est là une grave question que nous n'avons point à résoudre. La Commune, d'après nos lois et dans nos mœurs, est l'image parfaite de la famille et de l'Etat. Plusieurs communes forment le canton ; plusieurs cantons l'arrondissement ; plusieurs arrondissements le département; et l'ensemble des déparments forme l'Empire ou la nation ; le tout s'harmonise admirablement et se confond en une solide unité représentée par le Pouvoir. — C'est donc au Pouvoir à donner la vie à l'ensemble des membres qui composent le corps de la Nation ; nul ne saurait le contester, car il n'y a point d'Etat possible, si le chef n'est écouté, obéi. Le Pouvoir remplit-il ses obligations? Le contestera qui voudra avec plus ou moins de loyauté. Pour nous, nous ne saurions admettre que le chef d'une grande nation comme la France ne soit pas le premier et le plus directement intéressé à faire tout ce qui dépend de lui et de son gouvernement pour assurer, dans les meilleures conditions possibles, le bien-être de tous les membres du corps social. Qu'il se trompe, qu'il ne soit pas suffisamment éclairé, qu'il ne puisse tout faire en un jour, qu'est-ce que cela prouve pour le bon citoyen? Le bon citoyen cherche le remède et s'il croit l'avoir trouvé, il le propose; il ne critique pas amèrement, il n'accuse jamais... — Que dirait-on d'un médecin appelé pour remédier à un accident, pour guérir une maladie et qui se bornerait à faire une critique amère, une méchante diatribe contre les causes qui ont amené l'accident ou la maladie et qui ne prescrirait aucun moyen de remédier à cet accident et à cette maladie? On le repousserait avec mépris et on aurait raison. Ce ne sont pas de méchantes critiques qu'il faut en pareil cas; ce sont de bons actes. Quand une maison brûle, le pompier n'est pas appelé pour critiquer ou discuter les causes de l'incendie; — il doit aller à la pompe et chercher à éteindre le feu. Or, chaque membre du corps social, quelle que soit sa part d'action et de pouvoir, est exactement, par rapport au corps social, dans la position du médecin et du pompier dont nous venons de parler.

L'image de l'Etat se reproduisant exactement dans la Commune et le maire de la Commune se trouvant identiquement, par rapport à ses concitoyens, dans la même situation que le Souverain, vis-à-vis de ses sujets, a par conséquent de grands, d'immenses devoirs à remplir. Nous allons les examiner à un seul point de vue, celui qui concerne l'Horticulture.

Le maire est en rapports directs avec tous ses administrés, pour tous les actes importants de leur existence. Ainsi, il est officier de police judiciaire, juge de simple police ou officier du ministère public près des tribunaux de simple police; il est le représentant de la loi et du pouvoir exécutif pour l'accomplissement du service public dans les communes et le représentant des intérêts spéciaux de la Commune considérée comme personne civile; il est chargé de la publication des lois et règlements, des fonctions spéciales qui lui sont attribuées par les lois, et de l'exécution des mesures de sûreté générale;

de la police municipale, de la police rurale et de la voirie communale; de la proposition du budget, de l'ordonnancement des dépenses, de la direction des travaux communaux; de souscrire les marchés, de passer les baux des biens, les adjudications de travaux, etc.; de souscrire les actes de vente, échange, partage, acceptations de dons et legs, acquisitions et transactions, etc.; de tout ce qui constitue la vie administrative dans la Commune; enfin, il a la surveillance des établissements d'instruction de la Commune, à tous les points de vue.

Dans ces conditions, le maire n'a-t-il pas des pouvoirs immenses? Pour les bien remplir, ne faut-il pas un homme qui les comprenne et qui sache se dévouer à la chose publique? Un homme de cette sorte, qui se trouve à la hauteur de sa mission, n'exerce-t-il pas une puissante influence sur ses concitoyens? Quel bien ne peut-il pas faire, quand il sait sérieusement le vouloir? Continuellement en contact avec son conseil municipal et tous les habitants, ne peut-il pas appeler constamment leur attention sur ce qui peut servir le mieux leurs intérêts et provoquer ensuite l'exécution des mesures qui doivent amener ce résultat? Nous avons déjà démontré les avantages de l'Agriculture et de l'Horticulture. Disons ici un mot à ce sujet, sans craindre de nous répéter.

Rien ne saurait servir les intérêts bien entendus d'un gouvernement, comme l'Agriculture. C'est la force productrice par excellence : elle porte l'abondance, la joie et le bonheur dans la plus humble chaumière, dans la plus triste mansarde, dans le plus pauvre réduit. Que manque-t-il à la plupart des hommes, quand tous leurs besoins matériels sont satisfaits? Quels moyens a-t-on de satisfaire pleinement les besoins matériels des hommes, si ce n'est ceux qu'offre l'Agriculture? l'Agriculture, comme puissance de production, est donc ce qu'il y a de meilleur en ce monde. N'est-ce pas ainsi que pensaient les consuls et les conquérants Romains? Cette grande idée n'est-elle pas celle des plus grands hommes de l'Humanité, d'Hésiode, d'Hérodote, de Xénophon, de Théophraste, de Démocrite, d'Aristote, d'Homère, de Varron, de Caton, de Virgile, de Columelle, de Pline, de Palladius, de César, d'Auguste, de Charlemagne, de François Ier, de Charles IX, d'Henri III, d'Henri IV, de Louis XIV, de Louis XVI, de la République, de l'Empire, de la Restauration, du Gouvernement de juillet, et l'objet de la vive sollicitude du Gouvernement actuel et du Souverain de la France ?

Si l'agriculture peut répandre l'abondance dans la chaumière comme dans la mansarde, par l'abondance, la satisfaction des besoins matériels de tous ordres ; par la satisfaction de ces besoins, la joie et le bonheur au sein des masses, elle fera encore le bonheur de l'ensemble et le mettra à l'abri de tourmentes, de bouleversements qui peuvent détruire en un jour tous les efforts des sages de l'humanité.

L'Agriculture bien entendue, c'est la science de la Nature dans toute sa perfection, et la science de la Nature est la mère de toutes les sciences humaines. L'Agriculture bien entendue, c'est la mère de tous les arts, de toutes les industries. Quelles sont les matières premières employées par l'homme, à n'importe quel usage, qui ne sortent du sein de la terre ? A quel art, à quelle industrie l'agriculture ne fournit-elle pas la base, la matière *première* de ses produits ? Puisqu'elle est l'âme de tout, ne doit-elle pas être préférée à tout ? Un état peut-il jamais être florissant quand la force productrice, principale, essentielle, fondamentale, celle qui donne la vie à tout le reste, est en décadence et en souffrance ? Pour nous, rien n'est beau, rien n'est grand, rien n'est noble, rien n'est agréable, rien n'est moralisateur, rien n'est utile, rien n'est fécond dans l'ordre matériel comme l'Agriculture et tout ce qui s'y rattache.

L'Agriculture, ainsi comprise, doit donc être mise en honneur par tous les moyens possibles. Elle ne peut être mise en honneur qu'autant que les habitants des communes rurales l'aimeront sérieusement ; ils ne l'aimeront sérieusement qu'autant qu'ils la comprendront bien ; ils ne la comprendront bien que par l'enseignement professionnel et pratique de tous les jours et que quand ils reconnaîtront que, bien conduite, elle peut leur donner des satisfactions morales de toutes les heures et doubler leur aisance.

Il y a dans les campagnes une déperdition de temps immense. La moindre chose détourne le cultivateur de ses opérations et lui fait faire des démarches considérables et inutiles. Tout temps dérobé à l'agriculture est de l'argent perdu de la façon la plus déplorable. On peut remédier à tout cela par l'instruction. En ouvrant l'intelligence du jeune homme, il apprend à se bien conduire et il s'attache de plus en plus à développer ses facultés. Plus il élève le niveau de ses connaissances, plus le temps lui paraît précieux ; plus le temps lui paraît précieux, plus il s'applique à en faire un utile emploi pour lui et pour les siens.

Les occupations, les études qui lui étaient pénibles et rebutantes hier, deviennent, sans qu'il s'en doute, un délassement, un plaisir pour demain ; et comme ce plaisir peut toujours aller croissant et que plus il augmente, plus il donne de résultats utiles, puisqu'il s'applique à des choses productives, plus la situation de l'industrie et des siens s'améliore.

Tout cela peut être provoqué et obtenu par un maire intelligent et ami de ses concitoyens. Pour y arriver, il faut qu'il introduise dans sa commune l'enseignement des sciences se rattachant à l'Agriculture, qu'il crée un jardin communal d'horticulture où le maître donnera à toute la jeunesse, le jeudi et le dimanche, des leçons pratiques d'arboriculture et de botanique. Rien n'est plus facile que la création et le bon aménagement d'un tel jardin.

Presque toutes les communes possèdent des terrains, elles peuvent, par conséquent, en consacrer facilement à de tels établissements ou en échanger avec des propriétés plus convenables.

Là, tous les phénomènes de la physiologie végétale pourraient être expliqués, enseignés après l'enseignement des grands principes de la constitution géologique et du règne minéral dans ses rapports avec l'Agriculture et l'Horticulture, comme nous l'avons expliqué dans notre dissertation sur l'éducation des femmes. Là, on pourrait créer des pépinières d'arboriculture pour tous les besoins de la commune, apprendre à tous les enfants à greffer les bons fruits, à cultiver les bonnes espèces, à planter, à tailler, à conduire les arbres, à connaître toutes les plantes qui peuvent être utilisées dans la vie domestique, soit pour la nourriture et les besoins de l'Homme, soit pour les animaux.

Rien n'est plus facile que l'étude du règne animal, quand on a sous les yeux, comme à la campagne, les principaux produits de ce règne, ceux qui jouent le plus grand rôle dans la vie de l'Homme ; — chaque maison renferme, pour ainsi dire, un champ d'étude à cet égard.

Pour tirer un bon parti des animaux domestiques, ou de ceux

à *domestiquer*, pour se préserver de l'influence pernicieuse des animaux nuisibles, il n'est pas nécessaire de posséder la science de Buffon, de Daubenton, de Lacépède, de Cuvier, etc., d'être à même de diriger le Jardin des Plantes ou celui de la Société impériale zoologique d'acclimation ; d'être professeur au Muséum d'histoire naturelle : il suffit d'avoir étudié les principes généraux de la physiologie animale et tout ce qui se rapporte aux mœurs et à la nature des individus du règne animal, dont on aura à s'occuper dans une exploitation; de tous ceux dont on peut tirer profit ou contre lesquels il faut se mettre en garde.

Dans combien de communes rurales de France un tel enseignement est-il sérieusement donné, trouve-t-on tout ce qui devrait y être? (1) Dans les grandes villes, rien ne manque. Elles sont pourvues de tous les établissements publics possibles. Toutes les études naturelles peuvent y être faites. Mais qui se livre à ces études, sinon des individus qui aiment la Science pour la Science et qui ne la mettent jamais en pratique ? Combien d'individus, dans ces grandes villes, savants dans toutes les sciences, disant, écrivant des merveilles sur toutes choses en général et sur chacune en particulier, cultivent, sauraient même bien cultiver un champ ou un jardin?

Il est de nécessité absolue d'avoir de grands centres d'études, des hommes profondément versés dans toutes les sciences, et ce n'est pas nous qui voudrions porter la plus légère atteinte aux vastes foyers de lumière que la France est assez heureuse de posséder. Mais de grands centres de lumière et de science suffisent-ils pour une population de 36,000,000 d'âmes, pour une grande nation comme la France ? Croit-on, peut-on croire que parce que nous avons un grand nombre de savants qui étudient tout, qui peuvent tout professer habilement, notre Agriculture, notre Horticulure prospèreront bien fort? Qu'importent les foyers de lumière, s'ils ne peuvent percer la profonde nuit de l'ignorance, de la superstition rurale! Ils ne peuvent que mettre à nu la plaie hideuse, sans guérir le mal. Il nous faut des savants; mais il ne nous faut pas que des savants;

(1) Plusieurs communes ont de ces jardins et des pépinières, dont l'idée mère remonte à François de Neufchâteau.

car la science ne produit rien de bon si elle reste en celui qui la possède, si elle ne se répand pas par mille et mille canaux dans l'esprit des masses, si elle ne le pénètre pas profondément. Dans divers cas elle est comme l'Océan qui ne sert que le rivage, comme un grand Fleuve qui n'est utile qu'aux régions qu'il parcourt.

Pour nous, le maire peut tout faire. Il est non-seulement le souverain de sa commune; mais il en est l'âme, la vie. Par lui, les habitants peuvent jouir de tous les bienfaits dont la main de Dieu a été si prodigue envers ceux qui les cherchent. Sans lui, le bien n'est réalisable que lentement, avec des difficultés inouïes et un temps que l'Humanité parcourt, mais que la carrière de l'Homme effleure seulement.

Le plus petit événement tragique, la plus légère histoire scandaleuse, la plus petite passion éveille en nous un sentiment de curiosité dont nous ne sommes pas maîtres. Le bonheur du voisin excite notre jalousie; nous envions la science et jusqu'au travail d'autrui; sa prospérité nous afflige et nous sentons en nous toutes les fureurs inspirées par le démon de la convoitise. Voilà sur quoi roule généralement notre existence, s'exercent toutes nos passions. Nous laissons sommeiller tous nos bons sentiments, toutes nos nobles facultés. Cependant, si nous dépensions, pour les choses sérieuses et profitables à tous, la centième partie de notre activité, nous serions meilleurs, nous nous servirions et nous servirions les autres... Pourquoi donc ce singulier penchant qui nous pousse vers tout ce qui nous est étranger et nous éloigne de tout ce qui nous est personnel? Pourquoi cette étrange contradiction avec les lois de notre bien-être? Ah! quel beau sujet à traiter pour le philosophe moraliste et que nous serions heureux d'essayer de l'aborder, si le caractère spécial de cette brochure le comportait!

Nous dirons simplement ici que tout ce mal vient de l'esprit des ténèbres et que la lumière seule peut le faire cesser; que la lumière ne peut naître dans l'intelligence des populations rurales qu'avec le concours de ceux qui sont chargés de les conduire; que cette grande tâche incombe aux maires; qu'ils ne peuvent la remplir qu'en faisant instruire leurs concitoyens, et qu'ils ne pourront faire solidement instruire leurs concitoyens qu'autant que le moyen en sera mis à leur disposition.

Examinons maintenant la mission des curés.

Qu'est-ce qu'un curé?... Tout d'abord, il semble qu'un curé soit simplement un représentant d'intérêts qui n'ont aucun rapport avec la terre. Sans doute, la mission du prêtre est toute divine, puisqu'il la tient de Dieu même. C'est le prêtre qui nous reçoit dans ce monde ; c'est lui qui guide nos premiers pas ; c'est lui qui nous initie aux mystères de la religion, qui élève notre âme vers Dieu, qui nous inspire la foi, qui la conserve en nous ; c'est lui qui nous marie, qui nous suit dans tous les actes de notre vie ; c'est lui qui nous ouvre la porte de l'éternité et jette sur notre sépulture la première partie de terre qui doit nous ensevelir. Certainement cette mission est grande et belle.

Gardien né de la morale publique, du spiritualisme, le prêtre a d'immenses devoirs à remplir. Directeur de toutes les âmes, de toutes les consciences, il vit au milieu des populations, veillant avec une sollicitude constante à ce que personne n'oublie Dieu et ne se dispense des obligations qui lui ont été imposées à cet égard. En cette qualité, n'exerce-t-il pas une influence immense, suivant qu'il est plus ou moins à la hauteur des pouvoirs qu'il tient de Dieu ?

Suffit-il au prêtre d'être le fidèle gardien des vérités dont il est le dépositaire et qu'il enseigne pour que sa mission soit complètement et parfaitement remplie ? L'ordre spirituel, l'ordre moral a-t-il des rapports directs avec l'ordre matériel, ou plutôt l'ordre matériel n'exerce-t-il pas une immense influence sur l'ordre moral ? Si l'ordre matériel réagit sur l'ordre moral, comment le gardien de l'ordre moral peut-il le conserver intact, s'il ne s'occupe que de l'objet confié à sa vigilance et à ses soins ?

Nous n'avons pas l'intention de descendre dans les profondeurs incommensurables de la théologie, du spiritualisme. Notre sujet ne comporte pas une telle étude pour l'examen de laquelle d'ailleurs nous ne sommes pas suffisamment préparé. Notre unique but ici est de faire ressortir les deux grandes choses qui dominent le monde, — *la Matière et l'Esprit*, — et démontrer le rapport qu'elles ont entre elles.

Pour nous, l'ordre *spirituel* n'a pas de sens, n'est qu'un mot impie, qu'une monstrueuse superstition, s'il ne comprend pas, dans la définition que l'on en donne, l'ordre matériel tout entier.—Que l'un absorbe l'autre, se l'assimile, nous le comprenons ; mais qu'il le dédaigne, le repousse, nous nions que cela soit bien. Une société de spiritualistes exclusifs est une société de fous, d'illuminés : elle ne saurait être la nôtre.

En dehors de l'abstraction, de l'idée métaphysique, le spiritualisme n'existe pas que dans l'idée de Dieu et dans l'adoration de Dieu. Il réside encore dans l'admiration, dans l'usage des œuvres de Dieu. C'est par la pratique, l'usage, l'admiration des œuvres de Dieu que l'on arrive à Dieu et qu'on le comprend. C'est quand on arrive à Dieu et qu'on le comprend qu'on l'adore. Et on ne peut arriver à Dieu, le comprendre, l'adorer, que quand on a compris l'ordre matériel et que l'on a rempli le but pour lequel Dieu nous a créés. Toutes les lois de Dieu le démontrent, —la révélation mosaïque, comme la révélation chrétienne. Ces deux grandes lois qui illuminent le monde, qui ont servi de base à toutes les législations humaines, ne disposent-elles pas pour tout ce qui concerne la conduite de l'homme dans l'ordre matériel ? Quels préceptes s'appliquant aux choses de la terre ne trouve-t-on pas dans Moïse, dans Jésus-Christ, dans les apôtres et dans l'Eglise ?

La mission du prêtre n'est donc pas qu'une mission purement, privativement spiritualiste ou plutôt, pour mieux rendre notre pensée, le prêtre n'a pas pour unique mission que d'enseigner les préceptes de la religion, de célébrer les mystères qui s'y rattachent, savoir : d'administrer les sacrements, de maintenir la Foi dans toute sa pureté en ne permettant aucune atteinte aux dogmes qui servent de fondement à cette Foi. C'est bien là son principal devoir ; c'est le point vers lequel tout doit aboutir ; mais ce grand devoir en impose beaucoup d'autres, et c'est l'un de ceux-là que nous voulons examiner aujourd'hui.

Depuis sa chute, l'homme oublie souvent Dieu. Sa nature viciée le pousse à toutes sortes d'actions mauvaises défendues par Dieu. Le sens qui pousse vers Dieu, c'est le sens moral. Le sens moral, c'est l'esprit, la lumière. L'esprit, la lumière ne sont pas un don inné ; ils se développent par la culture intellectuelle. La culture intellectuelle s'applique nécessairement à l'étude de toutes les œuvres de Dieu et des lois morales que Dieu nous a dictées. Or, qui est chargé de donner cet enseignement, si ce n'est le prêtre ? Le prêtre n'a-t-il pas l'homme sous sa direction, depuis le berceau jusqu'à la tombe? N'est-ce donc pas à ce ministre du Seigneur à instruire l'homme de tout ce qu'il lui importe de savoir pour faire la volonté du Seigneur sur la terre et l'adorer comme le Seigneur a voulu l'être? Cherchant dans les choses de ce monde celle qui est le plus agréable à Dieu, en plus parfaite harmonie avec Dieu, il ne nous sera pas difficile de la trouver : ce doit être celle qui est le plus utile à l'homme pour sa conservation et pour perpétuer sa race, celle qui peut le mieux nous faire comprendre la grandeur des œuvres de Dieu et la puissance de Dieu, l'étude de la nature dans toutes ses ramifications. Quoi peut mieux conduire à ce résultat que l'agriculture et l'horticulture, qui embrassent dans toutes leurs parties les trois règnes de la nature?

Le prêtre n'a pas les mêmes pouvoirs matériels que le maire; mais il en a de plus grands au point de vue même des choses matérielles. Si l'ordre matériel réagit sur l'ordre moral, l'ordre moral influe bien plus puissamment encore sur l'ordre matériel, parce qu'il doit être admis, par tout homme sage, que toutes les actions de ses semblables doivent d'abord être inspirées par la conscience. Le prêtre enseignant la morale tous les jours de sa vie, par l'exemple et le précepte, est donc bien plus puissant que le maire, puisqu'il peut *diriger l'inspiration* et que le maire *n'a à s'occuper* que de *l'action.*

Pour bien préciser notre pensée, nous dirons simplement que les deux pouvoirs se complètent l'un par l'autre et qu'ils sont imparfaits, impuissants l'un sans l'autre.

Sans vouloir nous livrer à des appréciations en dehors de notre sujet, nous devons dire que si les pouvoirs sont rivaux, dépendants l'ùn de l'autre dans une certaine mesure et se complétant l'un par l'autre, il n'en est pas précisément de même des hommes qui en sont les dépositaires.

Les faits doivent être mis en parallèle avec la théorie. Or, dans la plupart des communes rurales, les maires sont de très-honnêtes gens qui ne connaissent guère d'autre horizon que celui du finage de la commune, guère d'autre science que celle de leurs ancêtres et qui n'ont guère reçu d'autre instruction que celle qui leur a été donnée à l'église et par le maître d'école. Plus l'esprit est borné, moins on est capable de bien diriger autrui. Qu'arrive-t-il quand avec un esprit étroit on est investi de pouvoirs immenses?

Le prêtre, lui, n'est point dans les mêmes conditions. Qu'il soit ou non le fils d'un simple artisan ou d'un villageois, il n'en a pas moins passé quinze années à étudier dans les séminaires toutes les sciences anciennes et modernes qui constituent l'ordre moral, la sagesse des nations et qui se rattachent à la marche de l'humanité. Il est presque toujours très-instruit, très-érudit, et il a par conséquent la priorité de situation. C'est donc de lui que peuvent venir les bonnes inspirations de tous ordres... — Et de quels moyens ne dispose-t-il pas pour les faire prévaloir... — Sans doute, la mission qu'il doit exercer à cet égard est délicate et périlleuse. Si, convaincu de sa supériorité, il veut la mettre en évidence et imposer sa volonté, il s'expose à inspirer l'inimitié, la haine, et à tous les embarras possibles. Mais si, convaincu de sa supériorité, il sait se souvenir que sa mission est toute de paix et d'amour, s'il n'a recours qu'à la voix du conseil, de l'exhortation, s'il sait attendre, s'il prêche surtout par l'exemple, que ne pourra-t-il pas obtenir ? — S'il est le père, le frère, l'ami de tous et s'il veut réellement, par les moyens que la charité évangélique lui enseigne, le bien de tous, s'il sait faire pénétrer cette foi dans les âmes et dans les consciences, qui donc pourrait lui résister ?

Quand les choses de la terre ne tourmentent pas sans cesse, on songe bien plus facilement aux choses du Ciel ; quand on songe aux choses du Ciel on est gagné à Dieu. Donc, pour bien ramener les âmes vers Dieu, c'est de faire que les choses de la terre ne les éloignent pas trop de Dieu, et le prêtre, mieux que qui que ce puisse être, est tout puissant pour cela. Et puis les biens de la terre pour lesquels on prie dans toute la chrétienté ont leur importance. Sans ces biens, la mission même du prêtre serait impossible, puisqu'il en a besoin pour sa conservation. Donc, plus ces biens seront abondants et parfaits, mieux il s'en trouvera à tous les points de vue et plus sera aplani pour lui et pour tous le chemin qui conduit à Dieu.

Nous ne pousserons pas plus loin nos observations à cet égard. Ce n'est pas leur étendue qui fera aimer l'Agriculture et l'Horticulture à un seul prêtre et qui nous fera mieux comprendre. Celui-là aimera l'Agriculture et l'Horticulture et nous comprendra, qui aimera réellement Dieu et son prochain, et il fera tout ce que nous pouvons souhaiter qu'il fasse comme enseignement et comme pratique dans l'intérêt des sciences qui seules peuvent rendre les empires florissants, donner la joie et l'abondance aux familles et assurer solidement le bonheur et la paix publics.

Parlons brièvement des instituteurs et des institutrices.

Qu'est-ce qu'un instituteur et une institutrice? Généralement, un instituteur, une institutrice, c'est le fils, c'est la fille d'un laboureur, d'un artisan rural, qui n'a pas voulu suivre la carrière de son père, qui a appris le rudiment, l'arithmétique, la calligraphie, qui a reçu des notions imparfaites sur les autres sciences et que l'on envoie ensuite dans une commune pour y distribuer l'enseignement. Ce sont de braves jeunes gens, de braves jeunes filles le plus souvent aimant Dieu et leur prochain, faisant le moins de mal qu'ils peuvent et ne faisant pas tout le bien qu'il serait à souhaiter qu'ils fissent. Est-ce leur faute? Assurément non. Loin de les tourner en ridicule, nous sommes même pénétré d'admiration pour le dévouement dont ils font preuve dans la plupart des actes de leur vie, bien que ce dévouement ne nous paraisse pas toujours exactement entendu et qu'il ne remplisse pas notre but. Nous aimons les apôtres de l'enseignement rural de tout notre cœur; ce n'est point pour les desservir que nous en parlons: c'est pour les rehausser, pour demander ce qui leur est dû, ce que l'on doit exiger d'eux.

La définition de la position matérielle de l'instituteur doit être suivie de la définition de l'enseignement.

Qu'est-ce que l'enseignement et quel est son but?

L'enseignement, c'est la mission d'apprendre à l'enfant ce qu'il lui importe de savoir pour se bien conduire dans la vie. Le but de l'enseignement, c'est de donner de bons citoyens à l'État, de bons fonctionnaires pour faire les affaires publiques, de bons fils aux parents, de bonnes filles à leurs mères, de bons maris, de bonnes femmes, de bonnes créatures de Dieu à tous les points de vue. Ce but est-il bien atteint? Qu'apprend-on aux enfants dans les écoles publiques? Chacun le sait, et nous n'avons nul besoin de le répéter ici.

Evidemment, on leur enseigne tout ce qui est compris dans le programme universitaire; mais le programme universitaire comprend-il tout ce qu'il importe aux enfants ruraux de savoir? Assurément non, puisqu'il n'aborde en aucune façon l'enseignement des choses qui ont un rapport direct avec les actes principaux de leur vie.

Pourrions-nous en dire autant si l'on enseignait dans les écoles rurales les grands principes de la formation du Globe d'après un programme orthodoxe; ses compositions minérales diverses dans leurs rapports avec l'Agriculture, de manière à faire comprendre ce que sont les différents sols au point de vue de leurs affinités chimiques? Si l'on démontrait les principaux phénomènes de la physiologie animale, et, par suite, à élever convenablement tous les animaux domestiques et à se préserver de tous ceux qui sont considérés comme nuisibles? Si l'on démontrait clairement tous les phénomènes de la physiologie végétale et la manière de s'approprier, pour en tirer profit, tout ce qui rentre dans l'Arboriculture et la Botanique et qui peut-être utilisé dans le ménage des champs.

Quel est le maître d'école à la hauteur d'un pareil enseignement? Quelle institutrice religieuse ou laïque pourrait, nous objectera-t-on, apprendre et professer ces sciences? Peut-on faire de toute la nation une nation de savants? Peut-on espérer que les élèves des campagnes répondraient aux leçons du maître, les comprendraient seulement? Nous voyons bien toutes les objections que l'on peut nous faire. Quelle est leur valeur? Que sommes-nous tous, nous, éternels professeurs de toutes sciences, qui ne voyons rien de bon que ce que nous avons dans la cervelle et qui croyons que l'Humanité est perdue si elle ne s'empresse pas d'adopter nos idées? Où donc avons-nous puisé les éléments des sciences sur lesquelles nous discourons avec une assurance qui ne nous est que trop souvent payée cent mille fois sa valeur, si nous voulons comparer notre travail au bien que nous obtenons? Pourquoi donc, ayant pu apprendre ce que nous voulons que l'on enseigne aux autres, n'obtiendrait-on pas pour eux ce que l'on a obtenu pour nous? Mais, dira-t-on, tel homme peut bien tout apprendre : qu'est-ce que cela prouvera? S'ensuivra-t-il forcément que les maîtres et toutes les maîtresses de l'enseignement puissent apprendre et enseigner ce que quelques êtres privilégiés peuvent avoir appris facilement? Ces maîtres et ces maîtresses de l'enseignement ayant tout appris pourraient-ils transmettre utilement leur science à leurs élèves? L'admettant, que deviendrait la France si elle ne se composait que de 36,000,000 de savants? Que deviendra-t-elle, que peut-elle devenir, dirons-nous, avec 36,000,000 d'ignorants? Tout est possible dans une juste mesure. Les extrêmes se touchent. L'extrême ignorance est plus dangereuse encore que l'extrême science. Mais, s'il ne nous faut pas que des savants d'une incommensurable profondeur, il ne nous faut pas que des ignorants d'un crétinisme révoltant.

L'agriculture étant la mère de tous les arts, de toutes les industries, de tous les commerces, il nous faut faciliter l'agriculture. L'Agriculture pouvant seule donner du bonheur, de la solide tranquillité à une nation, il nous faut soutenir l'Agriculture par tous les moyens en notre pouvoir. L'Agriculture étant une science, la mère de toutes les sciences de la terre, il nous faut l'enseigner à tous les membres du corps social. Nous ne pouvons l'enseigner à tous les membres du corps social qu'autant que ceux qui forment les individus qui le composent la connaîtront, l'aimeront et la pratiqueront. Qui forme les membres du corps social, si ce n'est d'abord le gouvernement et ses représentants directs dans les parties du Grand-Tout, qu'on appelle corps social, savoir : le *Maire*, comme souverain de la commune, le *Curé*, comme Souverain de l'ordre spirituel, — âmes et consciences ; — l'*instituteur* et l'*institutrice*, comme pionniers appliqués à défricher le champ aride des intelligences ? Quand l'enseignement sera bien distribué, quand *maires*, *curés*, *instituteurs*, *institutrices* seront à la hauteur de leur apostolat social à tous les points de vue, c'est-à-dire pourront faire enseigner et enseigner, par l'exemple et le précepte, la géologie agricole, la physiologie animale et végétale, tout ce qui se rapporte à l'économie rurale et au ménage des champs, tout ce qui peut faire prospérer l'Agriculture ; quand, par la prospérité de l'Agriculture, — l'Horticulture est comprise dans cette dénomination, — on aura fait prospérer le commerce, l'industrie, tous les arts, enrichi la France en général, chacun en particulier, on ne perdra plus de temps inutilement au village.

Que veut-on que devienne un cultivateur qui ne sait que labourer un champ et qui n'a guère l'intelligence plus développée que les bœufs qui traînent la charrue qu'il dirige ? Cet homme est-il réellement capable d'avoir une sérieuse idée spéculatrice, de concevoir un projet raisonnable, de se livrer à une entreprise productive, à une étude quelconque, d'étudier son art de manière à éviter les mécomptes, les accidents et à en tirer les plus grands avantages possibles ? S'il a des heures et des jours de liberté, qu'en peut-il faire ? Et il en a forcément, ne serait-ce que le dimanche. Quand il a plus ou moins bien assisté aux offices religieux, que peut-il faire, que fait-il de son temps ? Autrefois, il se promenait dans ses champs, dans les bois. Aujourd'hui, il va au cabaret, dépenser des fonds qu'il n'a pas gagnés, manger le pain de sa famille, corrompre son esprit et son cœur, contracter tous les vices qui affligent les familles et la société.

On a beaucoup crié contre les cabarets ; on a pris contre les cabaretiers de sévères et justes mesures de police. C'est quelque chose : ce n'est pas assez. Ce n'est pas assez, parce que ce n'est pas avec des mesures de police qu'il faut leur faire la guerre ; car le cabaret est une industrie aussi libre et plus morale peut-être, malgré ses dangers, que beaucoup d'autres. C'est avec de bonnes institutions qu'il faut les combattre ; et leur défaite est certaine dans ces conditions. Ici, la débauche n'est qu'un accident ; supprimez l'accident, la débauche tombera. Tel qui aujourd'hui met sa gloire à bien jouer, à bien boire et fait ainsi son malheur et celui de sa famille, tout en devenant mauvais citoyen, préfèrera bien vite la mettre à faire du bien, à être le meilleur agriculteur, le plus fort naturaliste de sa commune, s'il sait comment s'y prendre pour atteindre ce but.

Instruction, Enseignement, Création de jardins communaux d'Agriculture, d'Arboriculture, de Botanique, voilà le moyen. C'est de ce moyen dont nous allons parler. Si nous voulons les effets, il faut vouloir les causes. Si nous voulons les causes, nous devons vouloir que les *maires*, les *curés*, les *instituteurs* et les *institutrices* soient tous et chacun à la hauteur des grands devoirs de tous ordres qu'ils sont appelés à remplir. Ils ne seront, les uns et les autres, à la hauteur des grands devoirs dont nous parlons, qu'autant que l'enseignement général sera bien distribué.

# V

## SIMPLE DISSERTATION

### SUR LA CRÉATION DE JARDINS PUBLICS D'ENSEIGNEMENT AGRICOLE ET HORTICOLE ET D'ORPHELINATS DÉPARTEMENTAUX DESTINÉS A FORMER DES SERVITEURS D'AGRICULTURE ET DES JARDINIERS.

> J'aime ceux qui m'aiment et ceux qui veillent dès le matin pour me chercher me trouveront. Les richesses sont avec moi, la magnificence et la justice, car les fruits que je porte sont plus estimables que l'or et les pierres précieuses, et ce qui vient de moi vaut mieux que l'argent le plus pur. Je marche dans les voies de la justice et au milieu des sentiers de la prudence et de la science pour enrichir ceux qui m'aiment et pour remplir leurs trésors.
>
> SALOMON. — *Proverbes*.

Tout, dans l'Humanité, depuis l'origine du monde, obéit à la loi du progrès, suit une marche ascendante. L'Agriculture et l'Horticulture ont subi, comme nous l'avons constaté, cette loi, mais avec une lenteur désespérante. Pourquoi? disons-le nettement; c'est parce que ces arts, abandonnés aux mains laborieuses, n'ont pu progresser que par l'expérience de la *routine,* n'ont jamais fait l'objet d'une étude professionnelle que dans des régions circonscrites, que dans un intérêt de science. De beaux foyers ont bien été créés et l'enseignement en est sorti, brillant, lumineux au point de vue *théorique,* d'une regrettable insuffisance au point de vue pratique. Et puis, cet enseignement, *trop savant* pour les populations rurales, n'a pu être compris, n'a amené que de cruels mécomptes.

Ce n'est pas, ce ne peut être avec des journaux et des livres que l'on fera pénétrer la science horticole et agricole dans l'esprit des masses ignorantes : ces moyens sont la conséquence et non le principe : avec eux, on ne pourra obtenir que des résultats imparfaits ne se révélant qu'avec incertitude.

Avant tout, l'enseignement doit être *élémentaire, professionnel, pratique*, appliqué à l'objet auquel il se rattache et sur le terrain même. Aujourd'hui la théorie ne convient qu'au professeur et les professeurs sont peu nombreux : à peine en compte-t-on une centaine en France, dont une dizaine à Paris peuvent faire *loi*. Ils s'élèveraient bien vite à *cent mille* si les bonnes méthodes d'enseignement étaient mises en pratique en partant d'un principe général admis par tous. *Tout* par l'*unité*.... *Rien* sans l'*unité*....

Si la science, dispensée capricieusement dans notre pays, comme le sucre dans un magasin d'épicerie, c'est-à-dire *suivant les chalands*, était ramenée solidement, sérieusement à un enseignement *unique*, rien ne prévaudrait contre elle. Au lieu de *Romans*, d'une littérature énervante, abrutissante, dégoûtante, immonde, nous aurions des publications d'une utilité de toutes les heures, d'une vraie, d'une pure et fraîche poésie, d'une harmonie sublime, parce que tous les bons esprits se tourneraient vers la Nature et ses splendeurs indéfinies, vers la *Vérité Eternelle*...

L'esprit de routine doit être énergiquement combattu par les enseignements généraux qui peuvent et doivent faire *loi pour tous*. La lumière doit absolument succéder aux ténèbres de l'ignorance. Pas une bourgade, pas une commune, pas un hameau ne doit être privé du bienfait de l'enseignement agricole et horticole. L'agriculture et l'horticulture étant les sources vives du pays, des arts et de l'industrie, les efforts de tous doivent avoir pour but de les rendre d'une inépuisable fécondité. Tout homme en France, tout homme rustique principalement, doit connaître à fond les éléments constitutifs de l'agriculture et de l'horticulture et pouvoir sérieusement, utilement provoquer et appliquer les progrès incessants qu'elles réclament. La culture de la terre élève la pensée, fortifie le cœur, ennoblit l'âme et donne véritablement à l'Homme sa belle dignité, sa mâle vigueur.—Il faut donc tout ramener à la culture de la terre pour tout ramener à la culture morale et tout faire concourir au bonheur de l'Humanité, à la gloire de Dieu.

Les moralistes, les économistes, les hommes sérieux renouvellent chaque jour les lamentations de Jérémie sur la désertion des campagnes, l'immoralité et l'abrutissement des villes et prophétisent l'abâtardissement de l'espèce humaine et l'anéantissement de la nation. — Ils ont raison; en éveillant l'attention sur un malheur possible, on peut le prévenir. Mais ce n'est point assez de gémir et de pleurer sur les ruines que l'on entrevoit; Ninive et Babylone n'ont pas été préservées de la destruction et de la mort par les plaintes *des prophètes :* il faut agir. Dans le péril commun, des actes valent mieux que des paroles.— Nous parlerons pour avertir du danger et provoquer des actes pour assurer le salut de tous.

C'est par le Gouvernement d'abord, par les femmes, les maires, les curés, les instituteurs ensuite, que le bien peut être utilement provoqué et réalisé.

Nous avons dit comment les femmes pouvaient influer sur l'agriculture et sur l'horticulture et nous ne répéterons rien ici à cet égard.

Nous avons parlé de la mission des maires, des curés et des instituteurs; si ce sujet n'est pas épuisé, nous ne voulons pas y revenir en ce moment.

Le point essentiel que nous ayons à examiner ici, c'est la création d'un orphelinat départemental et de jardins communaux d'agriculture et d'horticulture. Abordons franchement la situation.

Les hôpitaux contiennent tous des exutoires des fruits de la débauche et des passions humaines. Les maladies, la mortalité prématurée, y envoient aussi des orphelins. Ces petites créatures de Dieu n'ayant d'autre refuge que la charité officielle, sont soignées comme chacun le sait. Dans notre département, sur 1,000 enfants reçus par les hospices, 250 arrivent à peine à l'âge de vingt ans. Dans la première année, il en meurt 60 sur 100. Que deviennent ces enfants et que font-ils quand ils sont lancés dans la vie? Ouvrant les statistiques criminelles, nous trouvons qu'un grand nombre des enfants de l'hôpital finissent leurs jours dans des maisons de force et de correction. Mort prématurée et crime... Voilà leur sort...

Peut-il en être autrement? N'est-ce pas là un juste retour des choses d'ici-bas? La Société a été une marâtre pour l'Orphelin ou l'enfant trouvé, malgré sa sollicitude plus apparente que réelle, plus spécialement philantropique que logiquement effective... L'orphelin ou l'enfant trouvé, qui ne sent pas dans la pratique le bienfait de la protection dont il semble être l'objet, s'en prend à la Société. Par la *force des choses*, la Société subit le juste châtiment qu'elle mérite : l'enfant trouvé se tourne contre elle, s'attaque à ses membres ; et, pour réparer un mal qu'elle aurait pu prévenir, elle est obligée de s'imposer les sacrifices au moyen desquels elle eût pu affranchir de tout crime le sujet contre lequel elle sévit. Quelle belle logique!... Quelle belle économie générale!!...

La terre manque de bras, cela est incontestable. Le personnel des serviteurs utiles dans les grandes exploitations est de plus en plus rare et de plus en plus mauvais. Ne pourrait-on pas remédier à ce mal, sans grands frais, et faire tourner, au bien-être général, au bonheur commun comme à celui des enfants, la charge très-lourde que l'immoralité publique nous impose?

L'enfant trouvé, *bien élevé*, sera toujours le meilleur des serviteurs. Il est exactement doué et il a en lui, comme l'homme le plus heureux, le sentiment du beau et du bien, un cœur généreux, une âme aimante. Laissé ou placé dans une pauvre famille, il en devient le paria ; en grandissant, ses petits camarades impitoyables lui rappellent sans cesse sa malheureuse origine, lui en reprochent la honte, lui en font un crime. Il est traité comme un maudit; le malheur de sa naissance pesant lourdement sur sa vie lui fausse le sens moral et en fait un réprouvé. Elevé dans un établissement, depuis sa naissance jusqu'à son placement, soigné par de bons maîtres, instruit dans tous les bons principes de morale, soustrait à toute influence mauvaise qui lui rappellerait le malheur de sa vie, on ouvrirait en lui toutes les sources du bien et du beau en débrouillant son intelligence, en fortifiant son cœur, en élevant son âme. En quittant l'orphelinat, sa *patrie*, sa *famille*, il deviendrait apte à s'attacher, de toute la tendresse de son cœur, de toutes les puissances de son âme à la famille dans laquelle il serait placé, et à devenir, un jour, la gloire de nouvelles générations au lieu d'en devenir le désespoir et la honte. Il rendrait ainsi, en précieux services, à la Société, le bienfait des soins qu'il en aurait reçus.

L'enfant de l'hôpital est l'enfant de tous, parce que l'Humanité est solidaire au moins des actes du plus grand nombre de ses membres, particulièrement de ceux qui, outrageant ce qu'il y a de plus sacré dans la conscience humaine, jettent, dans la vie, privés de tout secours, de toute ressource, de pauvres créatures de Dieu qui ont autant de droit que toutes les autres à l'affection qui leur est ravie, à ce qui donne à l'homme sa valeur réelle, sa dignité.

Chaque peine, chaque plaisir a sa contre-partie. Dans un état bien *ordonné*, nul ne doit pouvoir s'affranchir des conséquences de ses actes. Mais puisque ce mal se produit, peut-on, en *bonne justice*, en rendre responsable l'innocente créature qui n'a pas eu le *pouvoir d'empêcher* sa *triste naissance*? Qui donc en sera responsable, si l'*auteur inconnu* ne l'est? Ne sera-ce pas la Société?...

La Société ne peut pas abandonner l'orphelin, l'*enfant trouvé*... Si, ne l'abandonnant pas, elle ne l'*élève pas bien*, elle manque à tous ses devoirs. Dire qu'en soignant bien les enfants de la débauche ce serait encourager la corruption, c'est dire une énormité impardonnable. Que l'on punisse plus sévèrement, s'il le faut, le crime d'abandon, l'acte d'immoralité; mais que l'enfant trouvé reçoive les soins et l'instruction auxquels il a droit. La Société ne doit pas être une plus mauvaise famille que la plus détestable des familles. Que, si elle ne peut pas bien faire, elle en use comme à Sparte pour les enfants difformes; qu'elle jette aux fondrières ces pauvres créatures de la débauche! Qu'elle fasse comme on a fait à Rome pour des esclaves: qu'elle jette les enfants trouvés aux murènes des viviers. Cela sera aussi moral et plus sûr qu'une protection incomplète, insuffisante, qui les plonge dans tous les périls, tous les malheurs, qui les laisse lentement mourir ou devenir presque tous criminels...

Supposons que nous soyons le fils de la débauche, des ténèbres, que l'on pût faire pour nous ce que l'on doit et que l'on ne fît *rien*, ne sentirions-nous pas dans notre cœur assez de rage, dans notre âme assez d'énergie pour saper dans sa base, et dans ses fondements, une société assez égoïste pour nous rendre solidaire d'un crime qui n'est pas le nôtre et nous en faire supporter le poids pendant toutes les heures de notre vie? N'opposerions-nous pas, avec toutes les ressources dont nous pourrions être capable, *égoïsme* à *égoïsme*, *énergie* à *énergie*... Ne nous sentirions-nous pas heureux que quand, après tous nos efforts, l'Humanité s'écroulerait dans l'abîme, sur notre dernière et suprême malédiction....

L'enfant de l'hôpital ne pouvant avoir de famille dans l'Etat actuel, doit d'abord avoir pour famille l'*Etat,* ensuite le *département*, puis l'*orphelinat* ; et, enfin, la maison où il est placé et dans laquelle il trouvera toutes les belles et saintes affections qui ont manqué à son enfance. Il est, comme nous, l'enfant de la Société et de Dieu ; comme nous il a une âme *immortelle* qui retournera à Dieu dans la majesté de sa gloire. Il a donc droit comme nous, dans la mesure du possible, aux biens que Dieu a mis pour *tous* sur la terre. . . .

On pourrait, *justement*, nous blâmer si nous étions trop exigeant pour l'enfant de l'hôpital ! Mais que demandons-nous qui ne soit très praticable ? La création d'un orphelinat départemental serait-elle donc une mesure désastreuse ? En quoi ? Dans l'article qui suit, quand nous aurons fait des chiffres *éloquents et irréfutables,* nous verrons bien quelle sera la valeur des objections qui pourront nous être opposées.

Non-seulement nous désirons un orphelinat départemental pour les enfants de l'hôpital et les orphelins de père et de mère que la loi met à la charge de la Société ; mais nous le désirons comme enseignement général, comme école publique où seront admis tous ceux qui contribuent, plus ou moins directement, au salutaire développement des sciences qui se rattachent à l'agriculture et à l'horticulture, — *à l'histoire naturelle.*

Dans les séminaires, l'*histoire naturelle* est bien plus sérieusement étudiée qu'on ne le suppose généralement. Nous n'avons rien à dire à cet égard.

Mais, quelles études sur ce sujet capital font, peuvent faire les instituteurs et les gardes forestiers ? Serait-ce donc trop demander pour eux que d'exiger qu'ils passassent tous *deux ans,* dans une école *bien organisée d'histoire naturelle* ? Nous livrons cette question à l'appréciation des hommes sérieux.

Un orphelinat départemental devrait contenir tout ce qui peut servir à former les enfants qui n'ont ni père, ni mère, soit parce qu'ils n'en ont jamais connu, soit parce qu'ils les ont perdus. C'est la base... Mais ce devrait être encore une succursale de l'école normale et une annexe de la grande école forestière, comme enseignement élémentaire, et nul garde forestier ne devrait pouvoir être nommé qu'après y avoir fait un stage qui lui permettrait d'apprendre le rudiment de son service. Que ne dirions-nous pas sur ce qu'il faudrait qu'un garde forestier eût appris pour bien remplir sa mission ?

En examinant plus loin les voies et moyens de réalisation de notre idée, nous aurons à discuter les objections qui pourraient nous être faites. Ici, il ne s'agit que du principe et nous n'entrerons pas dans de plus longs détails.

L'orphelinat départemental serait, pour nous, le foyer de toutes les lumières, la source de toutes les améliorations agricoles et horticoles. Il importe de bien constater ce point. Il serait encore la pépinière féconde de *bons serviteurs* d'agriculture, de *bons fermiers*... Ainsi les grandes propriétés ne seraient pas *abandonnées*, *incultes*, *stériles*....... Les grandes familles, celles qui feraient les plus imposants sacrifices, y trouveraient leur compte comme le cultivateur trouve le sien à semer du blé dans un champ et à le récolter. *Tout* s'enchaînerait, comme tout doit s'enchaîner, dans la saine économie rurale, politique et sociale, et le sacrifice ne serait qu'une graine productive dans l'ordre matériel, dans l'ordre moral comme dans l'ordre politique... Oublier cela ou ne pas le bien connaître, c'est, pour tout homme intelligent, oublier le premier de ses devoirs, méconnaître le plus sérieux côté de sa mission sociale, se montrer indigne de disposer et de jouir des biens de ce monde, de la bienveillance du Créateur et plus particulièrement de la haute confiance de l'Empereur..

En dehors de cet établissement, nous en voudrions autant d'autres qui en relevassent, qu'il y a de communes dans le département.

L'enseignement théorique est une excellente chose prise dans sa haute acception. Mais ce n'est rien quand le côté pratique est négligé. Pour que l'enseignement soit réellement profitable et ne crée pas que d'insipides bavards, *bons à rien*, il faut qu'il soit complet. Il ne peut être complet; en la matière surtout, qu'autant qu'il sera donné sur le terrain.

Nous voudrions donc que chaque commune mît à la disposition de l'instituteur un *hectare de terrain* pour lui servir de champ d'opérations, et que, deux fois par semaine, tous ses enfants pussent recevoir dans ce lieu, par ses soins, les leçons pratiques qui leur auraient été enseignées théoriquement au tableau pendant les autres jours de la semaine.

On trouvera peut-être que nous demandons beaucoup, en

exigeant un hectare de terrain pour l'instituteur... Quels sacrifices inutiles et de simple gloriole ne font pas les communes? Là, on démolit l'église, où cent générations sont venues s'agenouiller et prier, parce que l'on veut une église comme la métropole diocésaine, une cathédrale. — *Est-ce une mesure bien indispensable ?*... Là, on veut une maison commune plus imposante que celle du chef-lieu du département; *est-ce bien nécessaire?* — Ici, on fait des fontaines monumentales qui ne changent aucunement la qualité de l'eau et dont la création ne se justifie que par le caprice. Des sommes immenses s'enfouissent dans ces constructions, souvent dérisoires dans leurs proportions et dans leur architecture, qui ne profitent réellement à personne. Croit-on qu'il ne serait pas mille fois préférable de créer un beau champ communal d'expérimentation et d'étude agricole et horticole et de le mettre à la disposition de l'instituteur? Si la science agricole recommande un procédé nouveau et avantageux, là, l'homme qui enseigne les autres pourrait en faire l'épreuve sous les yeux de tous et pour tous. Si une culture est particulièrement vantée, là on pourrait s'en rendre compte. Pour peupler la campagne de l'innombrable quantité d'arbres fruitiers qu'elle est susceptible de recevoir, on pourrait créer une magnifique pépinière dans le terrain de l'instituteur, apprendre tous les enfants à y élever les sujets, à les greffer, à les conduire et à en faire sortir, à un prix de revient presque nul, surabondamment pour toute la commune. — Vingt ans de ce régime, et tout cultivateur du pays connaîtrait les éléments généraux de toutes les sciences naturelles dont il a besoin pour le service de son exploitation, pour faire rendre à la terre tout ce qu'elle peut donner. — L'aspect des communes serait transformé, les productions du sol décuplées et l'aisance générale portée à un degré inimaginable. Cela vaut-il une *cathédrale* rurale, un *hôtel-de-ville* de village et le reste? Ce serait alors que l'on pourrait penser aux beaux monuments. La joie et l'abondance permettraient de rechercher le luxe permis, le luxe villageois, luxe naturel et poétique, luxe qui ferait notre joie et que nous sommes loin de vouloir proscrire.

Qu'y a-t-il d'utopique dans tout cela? Un champ à donner à l'instituteur, — un enseignement à cet instituteur. — Un acte de la volonté municipale. Voilà tout... Quelle grande affaire!...

Par ce moyen, la mission de l'instituteur serait dégagée de son caractère absurde, de la pédagogie dégradante. — Cet homme, qui contribue à former les générations futures, investi d'une grande et réelle mission d'enseignement, deviendrait un apôtre du bien, du beau et du bonheur public, démontrant à l'homme des champs, la grandeur, la sainteté de sa mission, son caractère poétique et utilitaire ; il le rattacherait à la terre en la lui faisant profondément aimer par la science même et il remplirait alors un véritable apostolat social.

L'enseignement primaire est en des mains honorables ; mais des mains honorables sont-elles toujours des mains intelligentes ?... Ne peut-on pas améliorer considérablement ce qui existe ?... Comment les améliorations se produisent-elles ? N'est-ce pas par la diffusion des lumières ? Comment les vraies lumières sont-elles dispensées dans les villages ? Quel est l'homme, vivant au milieu des champs, qui soit assez fort aujourd'hui pour se préserver des enseignements *spécieux* et pour bien conserver sa belle et pure lumière dans la rafale d'idées qui l'assaillent à chaque minute ? Demandons le *possible*, mais de l'homme, de l'homme simple et crédule surtout, n'en faisons pas un Dieu.

Si nous avions, dans chaque département, dans un comme le nôtre, par exemple, un foyer, dépôt de lumière, et 550 ramifications, — une par commune, — de ce foyer, autrement dire, 550 becs de gaz partant du centre, quel bien n'obtiendrions-nous pas ? Le foyer qui alimenterait 550 succursales centraliserait aussi la science particulière qui s'échapperait de ces 550 succursales.

Et que l'on ne croie pas que le maître ne tirerait pas grand profit de tout ce qui viendrait converger vers lui !... 550 apôtres de sa doctrine, s'inspirant de sa science et la pratiquant, viendraient à chaque heure lui communiquer le résultat de ses leçons, lui dire les *succès* et les *insuccès*, les *doutes* ; le prier de faire *tels* ou *tels* essais ; et le reste et le reste... que n'en résulterait-il pas promptement pour l'ensemble ?...

L'enseignement général d'où toute lumière sortirait, l'enseignement spécial où toute application bonne et utile se ferait, bien organisés, amèneraient promptement d'immenses et de magnifiques résultats. Que ne serait-ce pas si la force et la vie étaient données à cette organisation par un complément indispensable, savoir : si des conférences étaient bien établies par canton entre tous les maîtres et praticiens et si le résultat de ces conférences, dirigées par le centre, arrivait à ce centre comme cela pourrait se faire?...

Ces conférences porteraient toujours sur un seul point, l'*histoire naturelle*... l'*histoire naturelle* serait l'*âme* de *toute idée*, de toute opération. Courant nouveau ouvert à toutes les intelligences, à toutes les idées vraiment spéculatives, déblayé de ce qui l'entrave aujourd'hui, du *barbarisme* des expressions scientifiques, il entraînerait tout dans sa marche rapide. Vingt à vingt-cinq instituteurs, dévoués à leur vraie science pratique, se réunissant un jour par mois au chef-lieu de canton pour conférer sur l'enseignement qui leur serait donné, apprendraient très-promptement tout ce qu'ils ont besoin de savoir pour bien enseigner leurs élèves, feraient des remarques expérimentales très-précieuses et ne tarderaient pas à étonner par les résultats qu'ils obtiendraient. Rarement une fausse idée se ferait jour. Vingt hommes à l'esprit droit ne pourraient pas l'accepter et le résultat général de la conférence, le procès-verbal qui aurait fondu toutes les idées, serait toujours un grand enseignement. Vingt-huit procès-verbaux comme celui-là, arrivant au centre départemental, résumés en un solide travail par un professeur habile et expérimenté, feraient *immédiatement connaître*, dans le département, ce que l'expérience de tous aurait trouvé de meilleur. Le même acte se reproduisant dans les 86 départements et tout venant converger vers Paris, Paris résumerait, en un mois, la science expérimentale de 40,000 communes et rendrait à l'unité communale, pour sa bonne idée, les bonnes idées de l'ensemble... Voilà l'enseignement vraiment utile, vraiment profitable.... Voilà comment nous le comprenons...

Tout est à faire sur ce point. Il faudrait partir de l'élément des sciences et conduire tous les instituteurs aussi loin que cela peut se faire. Supposons qu'il soit besoin de cinq années d'études pour cela. Dans cinq ans, des progrès immenses seraient réalisés. L'agriculture et l'horticulture auraient reçu un essor inimaginable... Le pays verrait sa prospérité réelle s'accroître dans des proportions inespérées, sa richesse centuplée, sa gloire à son comble. Tous nos vœux vont vers ce but.

Tout ce qui précède est bien beau, nous dira-t-on ; mais le moyen de l'obtenir, l'argent nécessaire ?..: etc.

Nous briserions notre plume, si nous croyions entrer dans l'utopie, combattre un mal sans pouvoir appliquer le remède... Celui-là qui ne sait que critiquer n'est bon qu'à faire le mal. Mieux vaut se taire et subir ce qui est mauvais, si l'on ne peut le remplacer par quelque chose qui soit infiniment préférable... C'est une rébellion, une sédition d'inspirer le mépris de ce qui est lorsque l'on ne peut le remplacer ou l'améliorer. Le raisonnement se prête à toutes les combinaisons de l'esprit ; il peut être faux et trompeur. Nous n'avons eu recours au raisonnement que pour poser nos principes. Maintenant, nous allons recourir aux chiffres. Les chiffres sont la science exacte par excellence. Ils ne trompent pas. Leurs déductions sont irréfutables et absolues. Ils ne peuvent induire en erreur que quand les bases d'opération sont fausses. Nous avons pris des bases d'opération incontestables, pour avoir des résultats certains, irréfutables.

# VI

## SIMPLE DISSERTATION

### A L'APPUI DE LA CRÉATION D'ORPHELINATS DÉPARTEMENTAUX.

> L'homme qui méprise le pauvre fait injure à celui qui l'a créé. Le riche et le pauvre se sont rencontrés ; le Seigneur est le Créateur de l'un et de l'autre. Le pauvre ne parle qu'avec des supplications ; mais le riche lui répond avec des paroles dures. Celui qui a pitié du pauvre prête au Seigneur avec intérêt, et il lui rendra ce qu'il lui aura prêté. Celui qui ferme l'oreille au cri du pauvre criera lui-même et ne sera point écouté. Le Seigneur se rendra lui-même le défenseur du pauvre et il percera ceux qui auront percé son âme.
>
> SALOMON. — *Proverbes*.

Un orphelinat par département nous semble constituer une des plus belles améliorations agricoles que la France puisse posséder. Voici comment nous le comprenons. Nous voudrions un établissement assez vaste pour contenir tous les enfants qui tombent à la charge de la société. Là, ces enfants seraient soignés depuis le premier jour jusqu'à leur majorité, époque à laquelle il serait pourvu à leur placement. L'établissement devrait contenir des terrains suffisants pour que la science agricole pût y être enseignée au point de vue pratique, dans toutes celles de ses parties qui se rattachent à une exploitation complète. L'établissement comprendrait naturellement deux quartiers, — celui des garçons, celui des filles. Le soin et l'instruction élémentaire des enfants seraient confiés à des frères instituteurs et à des religieuses hospitalières ; l'enseignement professionnel et pratique à des professeurs de l'Etat. Un directeur, un économe, un médecin, un aumônier, quelques serviteurs à gages, et l'établissement serait constitué.

Examinons maintenant le côté pratique de cette création.

Jusqu'à l'âge de 8 ans, les enfants ne rendraient aucun service à l'établissement. A 8 ans, ils pourraient déjà être utilisés par un travail modéré qui, en développant leurs forces physiques, viendrait atténuer leurs frais d'entretien. A mesure qu'ils avanceraient en âge, leur travail deviendrait de plus en plus rémunérateur et à 15 ans il serait productif pour l'établissement. Gardant l'enfant jusqu'à sa majorité, les bénéfices que l'on ferait paieraient les frais des soins donnés à son enfance et désintéresseraient la Société dans ses premiers sacrifices ; nous pensons même qu'ils seraient suffisants, pour que l'on pût donner un trousseau à l'enfant au sortir de l'établissement et lui créer un commencement de pécule.

L'orphelin et l'enfant trouvé sont des enfants de la Société. Ils tombent forcément à sa charge. Avec le système d'éducation actuelle, ils sont exposés à tous les malheurs, à tous les dangers imaginables et ils finissent trop souvent par le crime et ses conséquences. Les soustraire à ce milieu, funeste pour eux et pour la Société, leur donner, par l'intermédiaire de frères, de religieuses, de bons professeurs, une éducation morale et professionnelle, graver dans leur cœur, en caractères indélébiles, les sentiments de vertu, de dévouement et d'amour qui font le charme de la vie, tel serait le résultat que l'on obtiendrait. Les *bons serviteurs* deviennent de jour en jour plus rares. Le dévouement domestique tend à disparaître absolument. Un grand nombre d'honorables familles de France ne peuvent plus trouver, comme elles le désirent, ces gardiens du foyer, ces membres secondaires de leurs maisons qui vivent heureux et dévoués sous leurs maîtres, pour qui ils sont plutôt des amis que des serviteurs. Ne dit-on pas tous les jours : *on n'a de pires ennemis que ses domestiques?* L'orphelinat remédierait à ce mal. On serait toujours certain d'y trouver de bonnes créatures de Dieu, chrétiennes, probes, polies. Comment en serait-il autrement? Des enfants bien élevés, soustraits pendant 21 ans à tout contact corrupteur, dans le cœur desquels on aurait détruit tous les mauvais instincts pour y faire fleurir tous les bons, ne sauraient certainement faire de mauvais serviteurs. Un autre côté de cette situation, — tellement tout s'enchaîne dans la voie du bien,—serait celle-ci: l'orphelinat serait la pépinière des maîtres de l'enseignement dans cet établissement, en offrant comme récompense du bon travail, de la fidélité dans l'accomplissement du devoir, aux plus intelligents, de les employer à cette mission. On aurait de bons maîtres en surabondance.

Mais, objectera-t-on, si l'on traite ainsi les enfants trouvés, ils seront plus heureux que les enfants des familles pauvres et on pourra courir le risque de voir ceux-ci abandonnés et d'exciter à la démoralisation. La Société, prenant une charge, ne saurait être fondée à la remplir mal, sous ce faux et absurde prétexte que les enfants qu'elle élève seront mieux que d'autres et qu'elle encouragera ainsi la débauche. C'est en les livrant à eux-mêmes sans forces, sans instruction et sans secours qu'elle peut donner une prime au crime. Ce n'est pas parce que la fille-mère saura que son enfant aura un avenir plus ou moins heureux qu'elle se déshonorera plus facilement ; sa grossesse, en dehors des règles de la morale, ne la couvrira pas moins d'infamie : ce n'est point parce que la fille-mère a peur de son fruit qu'elle commet le crime d'infanticide ; c'est pour conserver un reste d'honneur; c'est pour se préserver de la honte qui résulte de l'oubli de la loi morale, de sa débauche ; c'est pour conserver les apparences de la vertu. On ne saurait avoir aucune crainte à cet égard. Et d'ailleurs, la Société ne peut-elle pas se montrer d'autant plus vigilante et sévère pour l'immoralité, qui lui crée de lourdes charges, qu'elle sera plus bienveillante et plus généreuse pour les pauvres et innocentes victimes de cette immoralité ! L'enfant de la fille-mère, débauchée naturellement, ou odieusement séduite, n'a pas demandé à naître ; l'embarras qu'il cause n'est pas son fait ; c'est un enfant de Dieu, une âme immortelle comme celle du plus grand potentat de l'Univers. Pourquoi donc le rendrait-on responsable du malheur de sa naissance ?

Enfin, un autre côté de la question est celui-ci : Combien d'enfants naturels ne sont pas les fils d'enfants naturels ? Que peut devenir cette grande population de jeunes filles, livrées à elles-mêmes et à tous les penchants pervers ? N'arrive-t-il pas tous les jours que beaucoup d'enfants trouvés du sexe féminin sont les propagateurs d'autres enfants trouvés ? Que l'on consulte les extraits de naissance des filles publiques en maison ou isolées, et l'on verra si nous ne sommes pas dans le vrai. L'orphelinat remédierait encore à ce mal. Quand le principe est mensonger, tout ce qui en dérive est faux ; quand le principe est vrai, toutes ses conséquences sont justes.

Nous pourrions étendre notre raisonnement ; nous nous bornerons à ce que nous venons d'énoncer, nous en rapportant pour le surplus à l'intelligence de nos lecteurs.

En France, le nombre des enfants naturels, depuis cinquante années, est, en moyenne, de 1 sur 13 naissances. Pour 1855, nous avons 73,000 enfants naturels pour 910,000 naissances, chiffre rond ; sur ce nombre, 4,500 environ et annuellement sont mort-nés et 25,000 sont reconnus très-promptement par les parents. Mais, et cela se conçoit, la viabilité des enfants naturels est presque toujours compromise par les soins que la fille-mère prend pour dissimuler sa faute. Leur allaitement aussi laisse beaucoup à désirer. Ces inconvénients réunis produisent chez les enfants naturels une mortalité presque triple de celle qui se révèle pour les enfants légitimes. Le principe de la vie se trouvant altéré dès la première heure et dans le sein même de la mère, pour l'enfant naturel, il en résulte nécessairement que les conditions d'existence, pour ces enfants, sont extrêmement défavorables et réagissent forcément sur leur avenir. Tenant compte des enfants morts-nés, des enfants reconnus, des décès de la première année, des décès ocasionnés par le défaut de soin des nourrices et l'éducation viciée que ces enfants reçoivent, on arrive nécessairement et en peu de temps à une très grande réduction du nombre des enfants trouvés. Pour donner à nos lecteurs des chiffres exacts à cet égard, il faudrait nous livrer à une enquête que nous n'avons pas besoin d'entreprendre, notre but n'étant pas de préciser, mathématiquement, une situation générale qui ne démontrerait rien à ceux à qui notre raisonnement moral pourra paraître vicieux. Nous ne prendrons donc pas cette peine ; nous en laissons le soin à qui de droit, si notre théorie a une chance quelconque d'avenir. Mais comme il nous faut des faits concluants, nous les puiserons dans notre département même. Il n'est ni au-dessus ni au-dessous de l'échelle ; par lui, on pourra conclure de ce qui se produit, normalement, sinon d'une manière absolument exacte dans les 85 autres : ce sera assez pour les économistes théoriciens et assez aussi pour éclairer suffisamment ceux qui pourraient vouloir mieux.

Aujourd'hui, le nombre des enfants trouvés et des orphelins pauvres et abandonnés du département de l'âge de 15 jours à 20 ans, est d'environ 1,000. Un grand nombre d'entre eux ont été reconnus et adoptés. Actuellement, il existe à la charge du département 360 enfants trouvés de 1 à 12 ans et environ 140 orphelins pauvres et abandonnés. Ce nombre diminuera tous les jours, par suite des mesures officielles récemment adoptées au sujet des tours. Prenons-le cependant pour le chiffre normal, en ayant soin de l'augmenter des enfants qui existent depuis l'âge de 12 ans à celui de 21 ans ; nous en aurons environ 700 des deux sexes à placer à l'orphelinat. Plus haut, nous avons dit que l'enfant de 1 à 8 ans ne pouvait travailler et resterait complètement à la charge de l'établissement. Nous avons ajouté qu'à partir de l'âge de 8 ans, il pouvait déjà rendre des services ; que de cet âge à celui de 15 ans, il pouvait presque se suffire, et que, de l'âge de 15 ans à celui de 21 ans, il pouvait produire des bénéfices assez considérables pour payer les premiers frais d'éducation. Admettons qu'il n'en soit rien et raisonnons comme si depuis leur naissance jusqu'à l'âge de 21 ans, ils devaient être à la charge complète de l'établissement. Voyons dans cette hypothèse, faite uniquement pour donner de la valeur à notre raisonnement, ce qu'il en serait.

L'entretien des enfants trouvés est une charge obligatoire, dans l'état actuel de notre législation, c'est-à-dire en vertu des lois de 1837 et 1838, pour les départements et les communes. Dans notre département, elle se répartit ainsi :

| | |
|---|---|
| Fonds communaux............... | 19,000f |
| Fonds départementaux............ | 32,000 |
| Fonds d'amendes de police........ | 2,500 |
| Layettes et vêtures............... | 3,000 |
| Concours des hospices............ | *(Mémoire).* |
| TOTAL................ | 57,500 |

Dépense de laquelle il résulte que pour le nombre d'enfants entretenus par le département, chaque enfant coûte environ 120 fr. par an, tandis qu'avec le chiffre hypothétique que nous pensons, il ne coûterait que 80 fr. Cette dépense serait certainement insuffisante dans un orphelinat. Admettons qu'il faudrait la tripler. Qu'en résulterait-il ? C'est que le département aurait à accroître sa dépense de 115,000 fr. par an. Le centime départemental pour l'impôt général produit 22,000 fr. Nous aurions donc à nous imposer annuellement, dans la pire des hypothèses, 5 centimes par an pour notre orphelinat départemental, soit 5 fr. pour 100 fr. de contributions, 10 francs pour 200 fr. de contributions qui, tout bien compté, meubles et immeubles, représentent une fortune de près de 100,000 fr. Quel est donc l'homme qui, possédant une fortune de 100,000 fr., refuserait de donner 10 fr. par an pour assurer l'avenir de 700 enfants, pour se créer une pépinière féconde et toujours telle, de bons jardiniers, de bons cultivateurs, de bons domestiques, pour les préserver de la misère et du crime, pour réparer un malheur de naissance, enfin, pour faire qu'une créature du bon Dieu, qui n'est point la cause de la perversité d'autrui mais qui n'en est que l'effet, qui a un cœur et une âme comme lui, ne soit point pour lui une menace perpétuelle, mais soit, au contraire, une créature reconnaissante, un sujet d'orgueil et d'amour? Se trouverait-il un homme digne de ce nom qui refusât un tel sacrifice! Nous n'osons pas même le supposer pour l'honneur de l'humanité.

On nous dira : que ceux qui procréent les enfants fassent les sacrifices nécessaires pour les élever. Qui est l'auteur de cette procréation, demanderons-nous? Aujourd'hui, c'est Pierre; demain, c'est Paul, et ainsi de suite. Pierre, Paul et le reste étant inconnus, c'est comme si ce n'était personne. Quand ce n'est personne, c'est tout le monde; c'est donc à tout le monde à s'en charger, et c'est ce qui arrive, puisque c'est la Société qui s'en charge.

Nous n'avons pas énuméré toutes les dépenses que les enfants trouvés occasionnent. Il en est une surtout qui est vraiment déplorable : celle des prisons. Un enfant trouvé, mal élevé,—eh mon Dieu! comment pourrait-il bien l'être? — commet un délit; la police correctionnelle s'en empare, et il le faut pour la sûreté publique ; il est jugé, condamné et emprisonné. Quand il est rendu à la liberté, il n'a plus d'asile, plus de ressources, et la voie du crime se représente seule devant lui. S'il commet ce crime, gendarmes et cours d'assises en ont raison. Réclusion et travaux forcés, voilà son sort. A la charge de qui tombe-t-il, dans sa prison? Avant d'y arriver, il a nui à un honnête citoyen dans ses biens ou dans sa personne. Le préjudice qu'il lui a causé n'est-il pas bien supérieur à une contribution de 1, 2, 3, 4, 5, 6, 7, 8, 9 ou 10 francs par an qu'il eût payé pour s'en préserver et faire un bon sujet au lieu d'un scélérat?

Cette situation nous attend tous, quand une plus grave dans l'ordre moral ne nous est pas réservée. N'est-il pas arrivé quelquefois que l'enfant criminel assis sur le banc des accusés a eu parmi ses accusateurs, les jurés et les défenseurs, un père inconnu ? Quels sont ceux qui, ayant violé la loi morale et ne sachant pas ce que sont devenus les fruits de leurs débauches, ne doivent s'adresser cette question et frémir à la pensée qu'ils vont flétrir et déshonorer le sang de leur sang, la chair de leur chair, l'enfant, autre vie de leur vie ? Et l'enfant envoyé ainsi au bagne ou à la réclusion n'est-il pas une activité, une force de production perdue pour la Société, pour la richesse publique, une force très-utile dans un orphelinat et qui aurait fait la joie et le bonheur d'un grand nombre ?

Mais il ne faut pas faire, pour un orphelinat départemental, les grandes dépenses dont nous venons de parler. Bien organisé, cet orphelinat, à part son administration assez compliquée et ses frais généraux d'organisation, pourrait se suffire à lui-même et largement avec les sacrifices que font actuellement les départements et les communes.

Dans notre département, nous connaissons une propriété de 100 hectares d'étendue, pourvue d'une immense habitation dans le meilleur état possible et qui pourrait presque recevoir tous les enfants actuellement à la charge du département. Cette propriété serait vendue 100,000 francs ; admettant qu'il en faudrait 200,000 pour la compléter, on aurait une dépense totale de 300,000 fr. une fois faite et pour toujours, sauf l'entretien. Le revenu de cette propriété contribuerait puissamment à l'entretien de tous les enfants, et les 57,000 francs que le département dépense annuellement pour eux suffiraient très-probablement pour combler le déficit, surtout si l'Etat prenait à sa charge le traitement du personnel dirigeant et enseignant de l'établissement comme œuvre morale et comme compensation de la charge qu'il supporte actuellement, au seul point de vue de la police correctionnelle et des assises et qui serait supprimée.

Nous ne sommes pas en mesure à cet égard ; il nous faudrait faire une enquête approfondie à laquelle le gouvernement seul peut se livrer ; mais nous croyons fermement que si nous ne sommes pas absolument dans le vrai, nous sommes très-près de la vérité et qu'il serait très-facile de s'en convaincre. C'est là une belle tâche pour un honorable et savant économiste humanitaire, et nous ne renoncerons pas à l'entreprendre, si personne de mieux placé que nous pour la remplir ne se l'impose ou ne l'accepte si elle lui est offerte.

# VII

## SIMPLE DISSERTATION

### SUR LES MEILLEURS MOYENS DE DIFFUSION DE LA SCIENCE AGRICOLE ET HORTICOLE.

> La lumière est douce et l'homme se plaît à voir le soleil. Otez la rouille à l'argent et il s'en formera un vase très-pur. Ne travaillez point trop à vous enrichir; mais mettez des bornes à votre prudence. Le cœur de l'homme prudent acquiert la science, l'oreille des sages cherche la doctrine. Chacun aime son sentiment quand il l'a dit; mais ce que l'on doit estimer est la parole dite à propos. La main des forts dominera; la main relâchée sera tributaire.
>
> SALOMON. — *Proverbes.*

Tout le monde en France connaît notre organisation agricole. Le service général de l'agriculture est dirigé par le ministre de ce nom. A côté du ministre se trouvent le conseil général de l'agriculture et le conseil supérieur du commerce, de l'agriculture et de l'industrie. Puis viennent les chambres consultatives d'agriculture, des arts et manufactures, les comices agricoles, les haras et enfin les écoles. Le tout se complète par les concours régionaux. Telle est sommairement l'organisation officielle. En dehors de ces institutions se trouvent, au centre et dans presque tous les départements, des institutions libres, plus ou moins patronnées par le gouvernement, et des publications périodiques et spéciales, nombreuses, qui apportent autant que possible la lumière et la vie dans toutes les contrées.

Les grandes organisations installées à côté du pouvoir dirigeant se meuvent dans une sphère d'action dont nous ne nous préoccupons pas. Ce sont des foyers de science et de lumière, qui recèlent tout ce qui part de bon de la circonférence et qui ne le réfléchissent plus qu'en belles abstractions. Pour nous, ils ne produiront certainement le bien que l'Empereur attend d'eux, que le jour où ils descendront des hauteurs scientifiques pour entrer dans le domaine de la réalité et des faits, que quand ils auront étudié et compris la vie des champs dans sa plus simple manifestation pratique.

Les institutions départementales dérivant du centre, plus rapprochées des populations, font de vains efforts pour atteindre le but en vue duquel elles ont été créées. Leur principe est foncièrement bon; mais ici comme en beaucoup d'autres cas, la pratique tue la théorie. Soumises au régime parlementaire et de libre discussion, la délibération détruit l'action. Impuissance, indifférence, vanité, questions de personnes, en un mot tout ce que peut produire de dissolvant une réunion d'hommes abandonnés à eux-mêmes, voilà généralement ce qui en sort.

Nous ne parlerons guère des haras ; nous nous bornerons particulièrement à déclarer ce qu'ils coûtent à l'Etat, d'après le budget, parce que nous aurons besoin de chiffres pour appuyer nos idées.

Quant aux concours régionaux, ils seront de notre part l'objet d'un sérieux examen.

Répétons-nous sans crainte. Qu'est-ce qui nous alimente tous? qu'est-ce qui donne à l'industrie ses matières premières? qu'est-ce qui forme le commerce intérieur et extérieur, si ce n'est l'agriculture? qu'exportons-nous qui ne provienne de l'agriculture, en produits bruts ou manufacturés? de quoi les grandes administrations des domaines, des contributions directes, des contributions indirectes tirent-elles leurs revenus, si ce n'est de l'agriculture et du sol qu'elle cultive? Nous pourrions pousser plus loin nos interrogations : ce serait superflu pour les vrais statisticiens, et cela n'ouvrirait pas l'entendement à ceux qui ne savent se rendre compte de rien.

Cependant, l'agriculture, qui est la base fondamentale de toutes choses, l'anneau qui relie toutes les chaînes sociales, occupe une très-pauvre place dans le budget de l'Etat. Ainsi, sur une dépense annuelle de 1,800,000,000 fr., on trouve 2,600,000 fr. pour encouragements de tous ordres à l'agriculture, 3,000,000 pour nos haras, 2,000,000 pour incendies, épizooties, etc., et

600,000 fr. pour les écoles vétérinaires, c'est-à-dire environ la *deux-centième* partie des ressources du budget. Ces chiffres n'ont-ils pas une très-grande éloquence ?

Un autre côté de la question est celui relatif à la puissance de l'Etat comme cavalerie militaire. Examinons-le rapidement.

Si nous ne nous trompons, notre armée actuelle possède environ 130,000 chevaux dont la valeur moyenne est de 800 francs, ce qui donne un chiffre total pour l'effectif de plus de 100,000,000. Il est démontré par les tableaux de l'administration des douanes que nous sommes obligés d'acheter à l'étranger plus de 25,000 chevaux par an, quand nous n'en exportons que 5 ou 6,000. Il est à présumer que les chevaux importés, déduction faite de ceux exportés, soit environ 20,000, sont plus spécialement affectés au service de l'armée qu'à celui des propriétaires. D'où la conséquence que pour le service de la guerre nous ne pouvons pas suffire par nous-mêmes à nos besoins. Cependant, nous avons en France plus de 300,000,000 de chevaux, dont environ 1,500,000 juments poulinières. A quoi donc devons-nous faire remonter l'impossibilité d'avoir parmi nous des chevaux en nombre suffisant pour notre armée, nos quinze cent mille juments pouvant nous fournir annuellement au moins 500,000 poulains ? Le sol de la France est-il donc dans de si mauvaises conditions géologiques et climatériques que les chevaux ne puissent y naître et y vivre et que nous soyions absolument, fatalement dans l'obligation, pour la remonte de notre cavalerie, de recourir à l'étranger ? La cavalerie n'est pas comme l'infanterie : ce qui fait la force du fantassin, c'est sa bravoure et sa science militaire ; ce qui fait celle du cavalier, c'est particulièrement son cheval ; le cavalier qui serait le meilleur de l'armée ne pourrait rien avec un mauvais cheval. D'un autre côté, si, comme cela est déjà arrivé, l'étranger nous fermait ses frontières le jour où nous aurions le plus besoin de chevaux, que ferions-nous ? Il nous faudrait bien recourir à nos propres moyens de défense. Alors nous aurions une cavalerie d'une infériorité relative qui pourrait gravement compromettre la défense de la nation. N'y a-t-il pas là une menace et un danger à conjurer ? Sa Majesté l'Empereur s'en préoccupe, nous affirme-t-on ; nous nous en réjouissons, et cela prouve une fois de plus combien sa sollicitude est grande, éclairée, vigilante.

Depuis vingt ans on a beaucoup crié contre l'administration des haras. Il se peut faire qu'elle y ait donné lieu et qu'elle se soit plus adonnée à l'*art* qu'à l'*utilité*. Mais avait-elle à sa disposition de bien grands moyens d'action? Les bâtiments des haras, le personnel, la nourriture des chevaux, leur prix élevé, etc., toutes ces causes de dépenses ont bien vite épuisé 1,740,000 fr. D'un autre côté, que peut-on faire avec 1,200,000 francs pour des remontes de haras? Est-ce avec de tels éléments de reproduction que l'on peut arriver en France à la régénération de l'espèce chevaline? Peut-on bien réellement rendre responsable l'administration des haras de la situation actuelle? Eh quoi! l'on voudrait qu'avec 12 ou 1300 étalons, quand il lui en faudrait 10 ou 12,000, elle régénérât 3,000,000 de chevaux? Les moyens dont elle dispose ne sont-ils pas d'une radicale insuffisance? Nous le demandons aux personnes les plus prévenues contre notre organisation hippique.

Une très-haute et très-belle pensée a présidé à l'organisation des concours régionaux, qui remonte à huit ans. Leur but était glorieux et s'ils avaient tenu leurs promesses, d'immenses bienfaits en fussent sortis. Mais si la main de l'homme produit de grandes merveilles quand un souffle puissant l'anime, souvent aussi elle gâte tout ce qu'elle touche. Il ne suffit pas qu'une idée soit féconde; il faut encore qu'elle soit bien appliquée.

Nous ne viendrons pas, esprit chagrin, mécontent de tout et de nous-même, critiquer une institution, bonne en soi, ni esprit contemplatif et enthousiaste, chanter des merveilles que nous ne reconnaissons pas; nous voulons dire la vérité vraie, qui est indépendante de toute impression intéressée.

Les concours régionaux, que les uns attaquent et que les autres défendent, ont leur raison d'être, considérés surtout comme une expérimentation qui conduit au progrès, au mieux. Ils sont le premier pas vraiment sérieux, le premier acheminement vers une institution perfectionnée et aussi complète que les besoins de nos sociétés modernes peuvent l'exiger. En attendant, ils réunissent, ou devraient réunir, sur un seul point d'un département et pour plusieurs départements, tous les produits supérieurs de l'art agricole,—le premier de tous, y compris la mécanique; — ils mettent ou devraient mettre en rapport les agriculteurs principaux d'une vaste contrée; et, par ce contact, réel ou possible, par l'échange des lumières, l'examen de toutes les méthodes précieuses, par les bienfaits généraux qui en résultent, ou devraient en résulter, ils justifient suffisamment leur existence en attendant les perfectionnements qu'ils réclament et qu'ils recevront. Dans ces conditions, qu'importent les louanges exagérées, les mécontentements irréfléchis, les déceptions individuelles, les tristes défaillances?

Le temps, ce grand médecin et ce grand juge, ne remédiera-t-il pas à tout, ne fera-t-il pas, avec la volonté éclairée du Gouvernement, justice de tout?

Jusqu'à présent nous nous étions fait, à tort ou à raison, une grande idée d'un concours régional agricole. Nous croyions voir une imposante enceinte réunissant des merveilles innombrables d'animaux domestiques et de machines précieuses. Qu'avons-nous donc vu qui pût exciter en nous l'admiration? Ce qui suit répondra à cette grave question mieux que tous nos raisonnements.

Chaque chose porte en soi son enseignement. Pour ne pas se tromper, pour ne point s'égarer, les concours régionaux doivent être examinés exclusivement au point de vue de l'effet moral en matière d'économie agricole, et au point de vue de l'économie sociale et des résultats matériels, pour l'amélioration des masses, que l'on se propose d'atteindre. On ne peut faire cela qu'avec des chiffres, plus éloquents que toutes les adulations intéressées, que toutes les critiques malveillantes. Les chiffres placent le spectateur en dedans du rideau, lui font voir le spectacle sans perspective, sans illusion, comme tout homme sérieux doit le voir. Faisons donc simplement de la statistique.

Prenons, par exemple, les deux derniers concours de la région de l'Est, que nous avons vus. — Nous ne craindrons pas de nous tromper; tous les concours se ressemblent à peu de chose près et ceux de l'Est valent les meilleurs. Il y avait au concours de Chaumont, ou il devait y avoir, — ce qui n'est pas précisément la même chose, — les merveilles de l'industrie agricole dans toutes ses ramifications, de dix départements de la France, d'une population de 3,981,998 âmes! Des connaisseurs en chiffres, estiment que les frais de concours, frais supportés par l'Etat, le département, la ville et les exposants, ont occasionné une dépense de *plus de deux cent mille francs.* Sur les 3,981,997 habitants de la région appelés à concourir, il y en avait 110 pour les animaux, c'est-à-dire *un habitant sur trente-six mille,* savoir :

74 de la Haute-Marne,
17 de la Marne,
6 de la Meurthe,
5 de la Meuse,
4 de l'Aube,
3 de la Côte-d'Or,
1 des Vosges,
0 pour les autres départements de la région, qui sont : les Ardennes, la Moselle, le Bas-Rhin et le Haut-Rhin.

On évalue approximativement le nombre des assistants et visiteurs à 15,000 âmes.

Voici la nomenclature sommaire de 464 têtes d'animaux que le concours renfermait, d'après le programme officiel :

Les bêtes à cornes, ou la race bovine, étaient au nombre de 174 sous les dénominations de fémeline pure, de Durham pure, françaises pures, étrangères pures et croisées, dont 59 taureaux et 115 vaches...

L'espèce ovine était représentée par 177 sujets appartenant aux races ci-après : mérinos, métis-mérinos, pures à laine courte, pures à laine longue, anglo-françaises, croisées diverses, dont 134 mâles et 33 femelles...

L'espèce porcine était représentée par 74 sujets, appartenant à la race indigène pure et aux races étrangères pures et croisées, dont 26 mâles et 48 femelles...

Les animaux de basse-cour, dindons, oies, canards, coqs, poules, étaient au nombre de 38 sujets de toutes provenances.

Les instruments, machines, ustensiles et appareils agricoles, comportaient 138 numéros, depuis la plus grande machine jusqu'au sécateur, jusqu'à la plus petite serpette, à la fourche à fumier, à l'échenilloir, etc... Nous avons remarqué quelques machines ingénieuses, d'un prix fort élevé, qui font certainement honneur à leur inventeurs.

Mais on peut admirer tous les jours ces objets chez les

exposants, qui appartiennent à peu près exclusivement au département où le concours a eu lieu.

Enfin, dans un hangar peu considérable étaient déposés différents produits de la culture, céréales diverses, plantes maraîchères, fruits naturels et confits, etc., et une seule collection d'arbres résineux, d'arbustes à feuillage persistant.

Telle était la composition du concours régional, des produits supérieurs ou qui doivent être considérés comme tels, d'une population de *quatre millions d'âmes*, renfermée *dans dix départements.*

Le concours de Strasbourg était inférieur à celui de Chaumont. Nous ne recommencerons donc pas nos chiffres. Ces chiffres n'ont-ils pas une éloquence devant laquelle toute louange et toute critique, tout sentiment favorable ou hostile doivent s'effacer ? Ah ! la statistique, c'est la science des sciences, la raison pure, l'exactitude par excellence ! Une nation ne saurait s'élever ou s'abaisser ; une institution ne saurait se soutenir sur des bases vicieuses, être sérieusement admirée, sans que la statistique ne s'en mêle, sans qu'elle ne fasse comme le baromètre, pour le beau temps et la pluie, comme le thermomètre pour le froid et la chaleur, sans qu'elle n'avertisse enfin, avec une désespérante exactitude pour les esprits purement spéculatifs, le gouvernement qui aime, avant tout, la France, le beau et le bien, des avantages ou des inconvénients d'une entreprise quelle qu'elle soit, afin qu'il encourage ce qui est réellement bon, et qu'il réforme ce qui ne saurait le conduire à l'unique but qu'il a voulu se proposer.

Une région, c'est une bien grande affaire, comme nous venons de le voir. Les chiffres ci-dessus ne le prouvent-ils pas complètement ? N'est-ce pas la distance, les frais énormes à s'imposer pour amener ses produits au concours, l'incertitude du succès, l'espoir d'avoir un concours dans chaque département, dans un délai très-rapproché, et beaucoup d'autres raisons qu'il est inutile d'exprimer ici, qui empêchent les concours régionaux de recevoir l'importance que l'on a dû y attacher dans l'idée grande et généreuse qui a présidé à leur création ? Le département où le concours a lieu, n'est-il pas, ne doit-il pas être fatalement privilégié? Alors, si des idées spéculatives fort naturelles, — personne n'aime exposer 200 francs de frais pour courir la chance d'obtenir une médaille de bronze qui ne donnera aucune nouvelle valeur à son bétail, — retiennent les exposants, n'est-ce pas comme si le concours régional n'était qu'un concours local? Aux grandes expositions de l'industrie, l'industriel est stimulé puissamment. S'il est vainqueur, il trouvera des débouchés immenses pour ses produits et ses sacrifices deviendront pour lui très-largement profitables; mais au concours d'animaux, que l'éleveur d'un beau bœuf ou d'un beau cochon obtienne une prime, il ne vendra pas mieux son animal. Il vaudra toujours, comme tous ceux qu'il engraissera, *tant les 100 kilos, moins le prix* qu'il aura dépensé pour le faire primer. Ce raisonnement, nous l'avons entendu faire par les plus simples agriculteurs, de manière à prouver, clair comme le jour, au plus grand académicien, que le paysan, même le paysan champenois, sait penser juste et compter serré. Nous livrons ces réflexions et les conséquences qui en découlent naturellement aux méditations des hommes de la science agricole.

Le jury d'un concours est composé d'hommes graves, recommandables à tous égards, investis de la confiance de l'autorité supérieure et ils s'efforcent de la bien justifier. Mais ne peut-on pas craindre, tout en rendant hommage, un hommage bien sincère à l'honorabilité, à l'impartialité des membres qui le composent, ne peut-on pas craindre, en présence des immenses devoirs qui leur sont imposés, eu égard à la somme de connaissances qu'il faut à chacun, et du peu de temps dont il dispose, que de regrettables erreurs ne soient commises?... Le jury est-il assez nombreux pour tout bien voir, pour tout bien faire en si peu de temps et ne pas commettre aussi d'irréparables oublis?... L'exposant est insidieux et ne voit de bien que sa propre chose; il fait, comme nous l'ont dit des hommes sérieux, la *course à la prime*. Que de calculs à déjouer ! Que de difficultés de tous ordres que nous ne saurions énoncer ! Que de mécontents pour quelques satisfaits ! Les grands intérêts agricoles, l'amour des populations rurales que le gouvernement s'efforce de servir avec tant de zèle, trouvent-ils en tout cela des encouragements aussi parfaits que l'on est tenté de le croire et qu'on doit le désirer ?

Dans l'état actuel de notre société, ce qu'il faut, *avant tout*, pour améliorer l'agriculture, pour la faire prospérer, fleurir et la mettre en honneur, c'est que tous ceux qui s'en occupent y trouvent un vrai plaisir et une suffisante rémunération de leurs peines ; c'est que l'on possède partout de bonnes races d'animaux domestiques, surtout en ce qui concerne les reproducteurs ; c'est que tous soient conviés aux récompenses nationales et non quelques privilégiés, dont nous louons cependant les généreux efforts et que nous ne saurions trop honorer ici. Ceux-là, les grands propriétaires, les riches capitalistes éclairés, trouvent, en eux-mêmes, la récompense des sacrifices qu'ils s'imposent. Ce ne sont pas eux qui désertent l'agriculture, qui fuient les campagnes pour aller chercher d'amères déceptions au sein des villes et y jeter le trouble et le désordre ; ce ne sont pas eux qu'il faut ramener à la terre, et s'ils la fuient, ce ne sont pas des primes qui les y ramèneront. Les concours régionaux ne peuvent pas suffire à cette tâche.

Tous les ans il y a en France 10 concours régionaux ; si, comme ceux de l'Est, ils occasionnent une dépense de 200,000 francs, c'est donc une somme de 2,000,000 consacrée annuellement à ce service. Pour tout homme éclairé et de bonne foi, les résultats obtenus sont-ils en rapport avec la dépense faite ? Avec 2,000,000 judicieusement employés à pourvoir le pays de beaux reproducteurs des deux premiers règnes de la nature, que ne ferait-on pas en France pendant 20 ans ?

Un autre système d'encouragements donnés à l'agriculture, ce sont les courses de chevaux. Celui-ci n'offre ni la grande idée des concours régionaux ni leurs inconvénients. C'est la fête des classes élevées, c'est une fête inoffensive, peu dispendieuse et qui offre aux éleveurs de très-précieux avantages. A nos yeux, les courses de chevaux, si elles ne contribuent pas puissamment à l'amélioration de la race chevaline, servent admirablement à rémunérer et à encourager les éleveurs assez heureux pour obtenir des produits privilégiés. Elles se justifient parfaitement au point de vue des grandes fortunes et ce n'est pas nous qui voudrions, pour de mesquines économies, enlever à l'agriculture ce qu'elle présente de plus poétique et de moins inoffensif. L'argent que l'Etat dépense pour les courses est comme celui qu'il dépense pour l'Opéra et le reste, avec cette différence qu'il est encore mieux employé, à s'en rapporter aux résultats définitifs.

Viennent ensuite les encouragements de l'Etat à des départements et aux éleveurs de chevaux et de juments poulinières. La pensée de l'Etat et des départements est, en récompensant, par des primes, les propriétaires des meilleures poulinières et des plus beaux poulains, d'activer l'industrie chevaline. Cette pensée est assurément des plus louables ; mais est-elle bien comprise par tous ? Voici ce que nous venons de voir il y a quelques jours. Notre département alloue annuellement 5,000 fr. pour être distribués en primes aux juments suitées qui réuniraient les conditions d'un programme déterminé et connu d'avance. L'Etat ajoute à cette somme 1,500 francs. Pour que les cultivateurs éleveurs de chevaux n'aient pas à supporter un grand déplacement pour se présenter au concours, la somme de 7,500 fr. est divisée en six parties, et on crée six circonscriptions sur six points différents du département pour la distribution de ces primes. Le département renferme plus de 35,000 chevaux. Dès lors, on devrait s'attendre à voir les primes bien disputées. Qu'arrive-t-il en réalité ? Chaque concours renferme de 20 à 30 chevaux, et quels chevaux ! le total des chevaux présentés s'élève à peu près à la *centième* partie des chevaux du département. On pourrait croire que cette centième partie est la fleur, la quintescence de nos chevaux. Que grande serait cette erreur ! Il en reste des masses dans les écuries qui valent mieux que les premiers prix. A quoi donc tient l'indifférence des producteurs en la matière ? 1° Ils peuvent craindre d'être déçus dans leurs espérances ; 2° l'élevage du cheval n'est point une industrie pour le grand nombre ; 3° un grand nombre des primes ne couvrent pas les frais de déplacement et rien n'est moins certain que leur obtention. Supposons qu'un concours, au lieu de se composer de 30 chevaux, se compose de 1500, de 2000, comme cela pourrait arriver. Comment un jury de 4 ou 5 hommes opérerait-il dans cette foule de chevaux ? Les primes n'en seraient pas augmentées en raison du nombre de chevaux et la chance de les obtenir serait considérablement diminuée. On craint de faire une course au clocher, et quand on comprend bien les idées vraiment spéculatives, on garde ses chevaux et on reste chez soi, se disant que ses chevaux, primés ou non, ont une valeur qui s'est accrue de la dépense que l'on aurait faite pour les conduire au concours. Et voilà exactement pourquoi ces encouragements, bons en principe, beaux en théorie, manquent leur but dans la pratique et ne font faire aucun progrès sensible dans l'amélioration de la race chevaline.

Les Comices agricoles sont d'autres institutions plus éloignées des grandes théories, plus rapprochées des populations, plus en rapport avec la vie agricole pratique. Comment se fait-il donc qu'ils ne répondent pas non plus aux espérances qu'ils avaient fait naître? Dans beaucoup de départements, après avoir jeté une vive lueur, ils se sont *éteints;* pour leur redonner la vie, on a été obligé de faire des comices d'arrondissement. Dans d'autres, leur existence est restée *nominale;* — quelques-uns seulement ont conservé un reste de feu sacré qui les maintient dans des conditions supportables. A quoi donc attribuer cette situation ? Recherchons-le.

1° Les ressources des comices sont très-restreintes, et il leur est à peu près impossible de faire les sacrifices qui deviendraient nécessaires pour que l'on pût, sous leur direction, se livrer aux études pratiques et professionnelles qui feraient prospérer la science.

2° Pour enseigner, il faut *savoir;* il faut non seulement savoir, il faut encore *vouloir.* Combien d'hommes par canton, dans un comice, *savent* et *voudraient* enseigner ? Quand il s'en trouve un qui domine, cela peut, à la rigueur, aller un peu ; n'est-il pas bien vite découragé par les jalousies et les tracasseries dont il est l'objet, s'il n'a pas à sa disposition une très grande dose de force morale? Mais s'il y a deux ou trois hommes qui savent ou qui croient savoir et qui veulent enseigner, que peut devenir le comice au milieu de la rivalité qui surgit, des passions qu'elle soulève et qu'elle fomente d'autant plus énergiquement que l'on se trouve au milieu de ses pairs, de ses amis et que l'on aime d'autant moins avoir tort que l'on se trouve dans une condition plus modeste et en présence de personnes qui touchent de près, que l'on aime et devant lesquelles on veut briller à tout prix? Ce sentiment est vieux comme l'humanité. Les plus vieux Gaulois, nos pères, composaient leurs troupes de gens de mêmes lieux et de même origine. — Femmes et enfants assistaient à la guerre, parce que l'on prétendait que le guerrier ne pouvait être lâche devant sa femme, ses enfants, ses amis et ceux qui le connaissaient. Dans les comices, l'amour-propre l'emporte sur le désir sincère de faire le bien. On veut servir sa personnalité dans un intérêt de vanité, briller avant tout, et ainsi on gâte et on perd tout. Qu'est-ce qu'un comice, sinon l'image d'une assemblée délibérante?

Quels bienfaits réels, sauf quelques rares exceptions, ont jamais produit ces assemblées, depuis la plus haute jusqu'au conseil municipal du plus humble village? En tous lieux la délibération, belle abstraction, n'a-t-elle pas toujours tué l'action? Laissons les vains rêves de l'amélioration sociale par le parlementarisme aux partisans passionnés de ce régime, qui n'a rien su conserver, et passons.

3° Les comices délivrent eux-mêmes les encouragements. Qui les compose et les contrôle? Ne peut-on pas, en vertu de ce simple principe de l'imperfectibilité humaine, craindre qu'une raison d'amitié, une question de fermier ne donne au juge une lueur prismatique décevante qui l'éblouisse, trompe sa bonne foi et le conduise à gauche? La foule, qui n'a pas le même guide, qui est tout-à-fait désillusionnée, voit clair, va à droite et blâme sans se gêner. Quelques années de ce régime, plus de comices ou seulement une ombre de la réalité.

4° Un comice dans un canton, c'est beaucoup multiplier l'institution. Il y a des cantons qui ne renferment aucune industrie agricole, ou la culture même est nulle : ceux-là n'ont aucun élément de vie. Il en est d'autres qui ont tout en surabondance : ceux-là ne peuvent prospérer. Celui qui n'a pas assez ne demande pas à celui qui a trop et l'autre ne peut rien donner. La surabondance n'excite pas au progrès et l'impuissance d'agir empêche de le rechercher. D'où la conséquence que rien de bon ne surgit.

Nous pourrions multiplier les observations et même en donner que nous devons taire. Qu'est-ce que cela prouverait à celui qui sait se rendre compte et à celui qui ne veut être convaincu par aucune preuve, fût-elle plus radieuse que le soleil?

En dehors des comices et de toute l'action officielle, nous avons encore les sociétés libres, les publications de Paris, qui enseignent avec plus ou moins de loyauté et de science, ce qui peut servir leurs intérêts privés : elles font aussi bien la lumière que les ténèbres, suivant qu'elles sont plus ou moins bien inspirées, et que leurs intérêts privés s'accommodent de l'une ou des autres. Dans la plupart, on ne s'occupe guère que des personnalités dirigeantes et on ne s'évertue guère qu'à se faire la courte-échelle : *prenez mon ours, je prendrai le vôtre; chantez-le, je chanterai le vôtre*, et la foule, ignorante et crédule, paiera les frais de leurs danses et de notre farce. Tel est le tableau général de l'industrialisme agricole. Il y en a eu, il y en a, il y en aura toujours qui seront pris à cet appât trompeur, comme on prendra toujours des poissons à la ligne et des écrevisses aux balances. Mais quel progrès sérieux cela fait-il faire à la vraie science agricole et quels services la société en retire-t-elle en dehors d'un profond dégoût et d'une légitime défiance qui s'étend de plus en plus?

Il y a, nous sommes le premier à le proclamer, des sociétés et des publications très-sérieuses et très-consciencieuses ; on s'applique, dans les unes et dans les autres, à faire le bien. Seulement, on se méprend sur les moyens ; on veut améliorer avec la doctrine. La science est versée à flots dans les travaux auxquels on se livre. On monte si haut, qu'on forme d'immenses nuages qui nous submergent. Mais que peuvent produire, dans ces conditions, tous les efforts de génie des grands maîtres? Quand la foule ne comprend plus, elle ne croit pas ; quand elle ne croit pas, elle accueille tout avec défiance, sinon avec indifférence. Quelques-uns plus osés se risquent et ils échouent, parce qu'ils ne savaient pas. Leur échec fait rire le voisin plus prudent, et il arrive au dédain aussi bien que celui qui a vu la déception suivre sa foi première, et alors le bon réel est perdu pour tous. Pour vaincre les résistances, l'incrédulité que l'on rencontre aujourd'hui, les sociétés, les publications, les théories sont impuissantes. Ce qu'il faut, ce sont des *faits incontestables*, la *preuve matérielle*. Les *faits et la preuve matérielle* ne peuvent surgir que de l'enseignement professionnel et pratique, et c'est à cela que nous nous arrêtons, vers cela que se tournent tous nos efforts et toutes nos espérances.

Nous venons de tout apprécier, comme c'était notre droit, comme c'est celui de tous les Français. Mais apprécier défavorablement, ce ne serait pas une bonne action, si nous ne pouvions indiquer le remède au mal que nous avons signalé. Nous allons donc nous livrer à ce soin.

Les encouragements donnés par l'Etat étant, comme nous venons de le voir, tout-à-fait insuffisants pour faire prospérer l'agriculture, quels sont ceux à lui offrir? Efforçons-nous d'émettre nos vœux dans un ordre méthodique, pour avoir plus facile de les développer ensuite.

1° Sans rien proscrire de ce qui existe, nous voudrions, au sommet, une institution publique destinée à examiner à fond toute innovation, toute machine, toute théorie nouvelle, que l'épreuve pratique eût lieu sous ses yeux, par ses soins, et que rien ne fût recommandé officiellement sans que l'on eût la certitude absolue du succès. Un domaine quelconque de la Couronne pourrait servir aux expérimentations, aux frais de l'Etat. La chose en vaut bien la peine. L'industrie privée resterait libre; mais l'homme qui ne veut pas jouer avec sa fortune et qui veut être certain que le produit de son travail ne s'en ira pas en chimères, qu'il servira aux besoins de sa famille, saurait à quoi s'en tenir. La spéculation effrontée et désastreuse, l'odieux charlatanisme, tomberaient promptement devant des vérités dont les esprits les plus prévenus pourraient apprécier la valeur.

2° Une somme de 2,600,000 est inscrite au budget de l'Etat pour encourager l'agriculture; elle est employée, pour les concours régionaux, en secours aux sociétés officielles et encouragements aux sociétés libres et aux auteurs des bonnes publications agricoles et horticoles, ci......... 2,600,000 fr.

| | |
|---|---|
| Une somme de 2,000,000 est également inscrite au budget de l'Etat pour secours occasionnés pour incendies, pertes de bestiaux, grêle, etc. Les assurances obligatoires par l'Etat rendraient inutiles ces secours, qui sont réellement un fonds perdu et n'apportent de soulagement qu'à ceux qui les reçoivent, ci....................... | 2,000,000 |
| Les pertes que le secours dont nous venons de parler a pour objet d'atténuer, sont encore secourues par un dégrèvement d'impôt qui est presqu'aussi considérable, ci................. | 2,000,000 |
| Total.................... | 6,600,000 fr. |

Ces 6,600,000 fr., consacrés à l'achat de taureaux des bonnes races, de brebis des meilleures espèces, de porcs des provenances les plus estimées, en donneraient un certain nombre. On pourrait délivrer immédiatement à chaque chef-lieu de canton de France un taureau, un bouc et un verrat; on pourrait délivrer à chaque chef-lieu d'arrondissement quelques instruments perfectionnés, quelques machines agricoles à résultats précis et incontestables, et pour peu que l'on augmenterait la subvention, qu'on appellerait les départements et les communes à entrer dans cette voie et à contribuer aux dépenses, chaque commune serait promptement pourvue d'un bon reproducteur de chacun des trois principales espèces d'animaux dont nous venons de parler.

3° Notre organisation hippique n'atteint pas complétement le but de cette institution. Il y a au budget de l'Etat, pour 1300 étalons, répartis dans nos grands haras, leurs succursales et leurs dépôts, et la remonte, 3,000,000, ce qui met l'étalon à 2,300 fr. par an, acquisition et entretien. L'Etat et les départements dépensent annuellement, en dehors de cette somme, environ 600,000 fr. pour encouragements aux propriétaires des juments poulinières. Des hommes, experts en chevaux reproducteurs, nous affirment que l'on peut avoir de très-bons étalons au prix de 1,500 fr. Nous voudrions que tous les haras, leurs succursales et les dépôts fussent supprimés. Nous avons en France 3,000,000 de chevaux, sur lesquels environ 1,500,000 juments, ne donnant pas plus de 700,000 poulinières produisant environ 500,000 poulains. Un bon étalon peut, sans souffrir, faire 70 saillies par an. Il nous faudrait donc environ 10,000 étalons, lesquels, à 1500 fr. l'un en moyenne, donnent 15,000,000. Nous dépensons annuellement près de 4 millions ; doublons la somme, et en deux exercices, nous aurons notre nombre de 10,000 étalons, au lieu de 1300 que nous avons maintenant. Supposons qu'après ces deux ans et chaque année qui suivra, il nous en faille 2,000 annuellement pour la remonte; nous ne dépenserons pas plus qu'aujourd'hui, pour avoir 10 fois plus de résultats en un an et 100 fois plus en quelques années, la plus grande somme d'éléments de régénération donnant de plus considérables produits régénérés. Il y a mieux et l'hypothèse est facile à suivre : avec ce moyen radical, la régénération serait bientôt absolue, et le concours de l'Etat deviendrait inutile.

Comment répartir les chevaux, les placer et pourvoir à leur entretien qui occasionnera une assez lourde charge? Les chevaux devraient être répartis en raison de tant de poulinières par circonscription, placés de préférence chez les vétérinaires et entretenus au moyen du prix de saillie et de subventions départementales et communales : c'est là une question tout-à-fait élémentaire.

4° En dehors de cette action de l'Etat pour la régénération des animaux consacrés au service de l'Agriculture, de la force nationale et de l'alimentation publique, nous voudrions, pour la science professionnelle et pratique, une école départementale d'agriculture, d'horticulture et d'arboriculture. Notre idée n'est pas nouvelle : elle appartient à l'Empereur. La preuve en résulte de cette circulaire adressée il y a 5 ans, par le Ministre de l'instruction publique, aux Recteurs des Académies :

« Monsieur le Recteur, l'Empereur dans sa sollicitude pour « le bien-être des classes laborieuses, a pensé que l'ensei- « gnement pratique des notions agricoles et d'horticulture « était le complément nécessaire de l'instruction donnée dans « les écoles primaires.

« Toutefois, Sa Majesté n'a pas voulu que des mesures gé- « nérales fussent prescrites avant qu'on eût constaté par des « expériences partielles les résultats qu'il était possible d'at- « tendre d'un enseignement de cette nature. L'Empereur n'a « pas voulu davantage que le budget de l'Etat supportât les « frais des premières tentatives, et, en 1852, Sa Majesté a « daigné allouer sur sa cassette particulière les fonds néces- « saires pour encourager quelques instituteurs à donner à « leurs élèves des leçons pratiques d'agriculture.

« Les essais accomplis, en exécution des ordres de Sa « Majesté, ont eu lieu dans différentes écoles, sur des points de « l'Empire très-divers. Ainsi, les élèves d'une école du dépar- « tement de la Manche (Canisy), ont cultivé avec succès dans « un terrain d'une contenance de 10 ares, les légumes ordi- « naires du pays. Dans la Corrèze, trente élève de l'école de « Seilhar ont été appliqués à des travaux d'horticulture et le « produit du domaine exploité pas eux, a dépassé de 20 fr., « en 8 mois, le produit ordinaire d'un terrain semblable en « un an. L'école Normale primaire de Mâcon a présenté des « résultats plus significatifs encore : un terrain en vigne a été « acheté en 1852-1853 et mis à la disposition des élèves « maîtres. Ce terrain, après avoir été défriché, a été ensemencé. « Trente-six ares de terre environ ont donné 180 fr. de produit « net, soit environ 500 francs l'hectare. Les rapports qui me « parviennent sur l'année 1853-54, constatent que les produits « obtenus ont été supérieurs à ceux de l'année précédente.

« Ces faits, et d'autres qu'il serait trop long de rappeler, « mettent dans tout son jour la haute sagesse de la pensée de « l'Empereur, et permettent d'en constater le caractère émi- « nemment pratique.

« Je n'ai pas besoin, M. le Recteur, d'insister auprès de vous « sur tout ce que renferme de fécond pour l'avenir l'idée d'un « enseignement des notions de l'agriculture dans les écoles « primaires. D'un côté, cet enseignement doit avoir pour effet « de propager les bonnes méthodes de culture et de mettre un « certain nombre d'écoles en état de contribuer elles-mêmes « aux dépenses de leur entretien; de l'autre, et surtout le « Gouvernement est en droit d'en attendre ce résultat impor- « tant, de conserver parmi les instituteurs des goûts simples « et modestes, et de les rattacher par des intérêts positifs au sol « des communes qui leur ont confié leurs écoles. Il serait « donc d'un haut intérêt que les essais si heureusement tentés « en quelques localités, fussent étendus à tout le territoire. Or, « je suis amené à penser que le véritable moyen d'atteindre un « jour le résultat désiré, est de substituer à des tentatives « locales, et à des encouragements purement individuels, un « système général d'enseignement agricole dans les écoles « normales primaires. Cet enseignement constitué, les élèves « maîtres répandraient dans les villages de saines notions « d'agriculture; ils seraient en état de donner aux parents de « leurs élèves des conseils utiles. Par là, je n'en doute pas, « tout en rentrant de plus en plus dans la sphère qui leur est « assignée, les instituteurs s'entoureraient aux yeux des « habitants des campagnes d'une considération méritée et « ajouteraient de nouveaux titres à ceux qui leur ont déjà « acquis l'estime et la reconnaissance du pays.

« De plus, et à un tout autre point de vue, n'est-il pas na- « turel de penser que pour des jeunes gens habitués aux rudes « labeurs de la campagne, il serait bon, à tous égards, de re- « trouver au sein de l'école normale des conditions d'une vie « très-austère, et des considérations d'ordre moral ne viennent- « elles pas appuyer ici les motifs empruntés à des intérêts « d'un autre caractère? Je vous invite, M. le Recteur, à vou- « loir bien me communiquer vos observations sur le projet « d'un enseignement régulier de l'agriculture dans les écoles « normales primaires de votre ressort, et à me fournir les

« renseignements de toute nature que vous jugerez propres à « éclairer la question.

« Vous ne vous bornerez pas à l'examen de cette question au « point de vue théorique. Vous me direz comment, dans votre « pensée, cet enseignement nouveau pourrait se combiner avec « celui des autres objets d'étude, et votre attention se portera « sur toutes les circonstances matérielles qui, eu égard aux « écoles normales de votre académie, rendraient plus ou « moins facile dans chacune d'elles l'organisation projetée.

« Les écoles normales soumises à votre juridiction pos- « sèdent-elles toutes un champ ou un jardin? au cas contraire, « la location ou l'acquisition d'un terrain souffrirait-elle beau- « coup d'obstacles? Tel ou tel directeur serait-il personnelle- « ment en mesure de diriger l'enseignement nouveau? cet « enseignement pourrait-il être confié à l'un des maîtres- « adjoints? ou croiriez-vous nécessaire de chercher en dehors « des écoles mêmes le maître en état d'appliquer, dans leur « simplicité pratique, les vues de l'administration, et ne « faudrait-il pas, dans ce cas, provoquer une dérogation à « l'article 8 du décret du 24 mars 1851? Les Conseils généraux « seraient-ils disposés à contribuer aux dépenses qui résul- « teraient de la création dont il s'agit?....

« Toutes ces questions doivent être l'objet de l'examen le « plus sérieux de votre part; je vous prie de m'adresser dans « un court délai, sur chacune d'elles, les réponses les plus pré- « cises et les plus pratiques. »

L'école départementale d'agriculture, d'horticulture et d'arboriculture pourrait être annexée à l'orphelinat départemental dont nous avons parlé. Ainsi, elle n'occasionnerait que la dépense du logement des élèves et elle profiterait des professeurs de tous ordres, de l'aumônier, etc., de l'orphelinat. Elle pourrait même être placée sous sa direction. Cette école devrait comprendre : l'école normale environ 30 élèves, une école forestière élémentaire et un pareil nombre d'élèves entretenus par les comices agricoles qui le voudraient. Les fonctions de gardes forestiers dans les bois domaniaux et communaux sont confiées à de braves militaires qui les méritent bien, comme récompense de leurs services, mais qui ne les exercent pas toujours comme cela serait désirable. En exigeant qu'ils passent une année à l'école pour y apprendre les notions élémentaires de la sylviculture et de l'arboriculture fruitière, on leur rendrait un immense service qui tournerait à l'amélioration des forêts.

Les instituteurs sortant désormais de l'école départementale d'agriculture et d'horticulture, en moins de 20 ans, chaque commune aurait son instituteur pouvant utilement, parfaitement professer ces sciences. Naturellement, une grande pépinière d'arbres serait établie à l'école même, l'instituteur apprendrait à y élever, à y greffer tous les arbres fruitiers. Ainsi, on pourrait en avoir des quantités prodigieuses tous les ans. Or, comme ces arbres seraient élevés dans le terrain du département, il serait juste qu'ils fussent distribués *gratuitement* aux communes, qui elles-mêmes auraient contribué à payer la dépense qu'ils auraient occasionnée, puisqu'elles constituent le département. Ainsi, on alimenterait les pépinières communales dont nous parlerons ci-après.

Il est bien évident que l'enseignement dont nous parlons n'imposerait aucune charge nouvelle au département, puisqu'il serait une annexe de l'orphelinat, lequel contiendrait la grande et la petite culture, une étable, une bergerie, etc., etc., et dans lequel se feraient toutes les expérimentations et toutes les acclimatations reconnues utiles.

L'école d'agriculture, d'horticulture, d'arboriculture, d'acclimatation ouverte dans ces conditions, mise en rapport avec l'institution mère de Paris, reliée avec elle, recevant d'elle son impulsion, ferait certainement des merveilles. Il en sortirait des professeurs habiles, répandus dans tout le département au nombre de plus de 4,000 en vingt ans et distribuant partout la science, les bonnes méthodes, donnant l'exemple du travail et du devoir, de la probité, de l'honneur, et pouvant agir d'autant plus efficacement que dans les écoles rurales on aurait déjà donné aux jeunes gens qui les fréquentent les premières notions d'histoire naturelle.

Il sortirait de l'orphelinat des jardiniers habiles pour les grands propriétaires, pour les besoins généraux.

L'institution centrale, directrice de toutes les autres, serait aussi le centre de l'enseignement. Toutes ses méthodes seraient publiées hebdomadairement aux meilleures conditions possibles. L'imprimerie impériale ne pourrait-t-elle pas se charger de cette impression? Toutes les communes devraient avoir le plus grand nombre possible d'abonnements, indépendamment des abonnements libres. Le produit libre des amendes de police correctionnelle, aujourd'hui distribué plus ou moins heureusement en secours aux communes, ne pourrait-il pas être consacré à servir les abonnements aux municipalités qui ne pourraient les payer? Quel plus noble et plus utile destination pourrait-on donner à ces fonds? N'enseignant que des doctrines exactes à résultats d'application, positifs, incontestables, sanctionnés par l'expérience en style simple, clair, dégagé des noms barbares de la science, on inspirerait vite une confiance absolue; quel bien alors ne ferait-on pas?

5° Il ne suffirait pas d'avoir de bons professeurs sortis de l'école départementale. Il faudrait les utiliser. Nous voudrions que le programme universitaire pour l'enseignement élémentaire comprît l'enseignement des principaux éléments du règne animal, du règne végétal et du règne minéral pour les garçons et pour les filles, c'est-à-dire l'enseignement de l'histoire naturelle dans toutes celles de ses parties simples qui ont un rapport parfaitement pratique avec l'agriculture et l'horticulture. Et comme les éléments théoriques ne pourraient être efficacement enseignés si l'on ne se bornait qu'à cet enseignement, nous voudrions que chaque commune eût son champ d'école pratique, seul moyen de bien appuyer la démonstration de bonnes preuves qui la gravent profondément dans l'esprit de l'élève. Ce champ aurait sa pépinière d'arbres. La commune ayant fourni le champ et les élèves ayant eux-mêmes créé la pépinière, quoi donc s'opposerait à ce que des arbres provenant de cette pépinière fussent distribués annuellement et gratuitement aux parents des élèves pour être plantés dans leurs propriétés? Croit-on qu'au bout de 20 années de ce régime, chaque département ne serait pas promptement tranformé et qu'alors nous verrions encore sur nos marchés ces fruits grossiers, informes et sans saveur qui font d'autant plus la désolation du consommateur qu'ils se vendent à des prix excessifs? L'abondance, malgré la perfection de la qualité, amènerait certainement une très-grande réduction de prix en rémunérant vingt fois mieux le producteur; et tout le monde pourrait avoir ce que quelques-uns se donnent difficilement aujourd'hui au poids de l'or. Est-ce là un progrès possible? Faut-il autre chose que l'école départementale, l'appui de l'autorité supérieure, le jardin communal et la volonté municipale ?

Nous venons de jeter nos idées sur le papier, sans ordre et sans art. Nous ne faisons pas un travail académique; l'important, c'est qu'elles se dégagent clairement du cadre dans lequel elles sont renfermées. Pour les faire bien apprécier, il nous faudrait un travail complet, appuyé de plans et de chiffres de tous ordres, donnant le budget aussi approximatif que possible de l'orphelinat et de l'école départementale, en recettes et en dépenses. C'est là un travail considérable et minutieux que nous ne saurions faire en pure perte, sans savoir quel accueil lui serait réservé ; le temps, étant le plus précieux des biens de l'homme, ne doit pas être ainsi perdu.

Nous avons la conviction que nous sommes dans le vrai, le beau et le bon, bien autrement que les concours régionaux ; qu'une institution comme celle dont nous venons de parler, étant solidement établie dans chaque département, l'agriculture et tout ce qui en dépend recevrait promptement une impulsion inappréciable aujourd'hui.

Que faut-il pour cela ? Quelques actes très-simples de la volonté souveraine, quelques hommes de cœur se dévouant à la chose publique et faisant de leur mission une sorte d'apostolat social.

La terre élève le cœur et l'esprit, fortifie le corps de celui qui la cultive. Le travail des champs ennoblit, donne des jouissances à nulles autres pareilles, procure l'aisance, le bien-être, rend heureux. Une nation active, intelligente, laborieuse et morale, est invincible, ennemie de tous troubles intérieurs, attachée à ses institutions et peut dominer le monde. Si l'on peut constater en France une dégénérescence morale, si parmi nous le cœur a baissé, l'âme s'est avilie, ce n'est point une raison pour qu'il n'y ait pas un grand nombre de cœurs vaillants et généreux, de belles intelligences qui ne demandent qu'à bien servir la patrie. Elle ne peut être bien servie que dans la somme de tous biens, de toute morale, de toute richesse, dans l'agriculture et ce qui s'y rattache. Que les grands dépositaires de la puissance publique, que les grandes intelligences de la nation, que les grands capitalistes l'étudient, le comprennent, et quand tous seront convaincus que là seulement est le repos et le bonheur communs, nos idées rectifiées, amendées, purifiées, seront bientôt en voie de réalisation et aucun sacrifice, si tant est que l'on puisse penser qu'il y aura des sacrifices à faire, ne coûtera plus rien à personne. Il ne coûtera pas plus que la semence de blé au cultivateur; il sera comme un grain fécond déposé dans le champ de l'avenir et donnant 100 pour 1. Qui, étant convaincu de cette vérité, ne s'y rattachera comme à son foyer et ne fera, pour la défendre, ce qu'il fait pour conserver sa demeure ?

# VIII

## SIMPLE DISSERTATION

### SUR LES ASSURANCES AGRICOLES ET AUTRES OBLIGATOIRES PAR L'ÉTAT.

> Le souffle de Dieu dans l'homme est une lampe divine qui découvre tout ce qu'il y a de secret dans ses entrailles. La joie du juste est de faire la justice et c'est ce que craignent ceux qui commettent l'iniquité, — parce que leur esprit médite les rapines et que les paroles de leurs lèvres ne sont que tromperie. Celui qui presse fort la mamelle pour en tirer le lait fait sortir un suc épaissi et celui qui se mouche trop fort tire le sang. Toutes choses ont leur temps et tout passe sous le Ciel après le terme qui lui a été prescrit.
>
> SALOMON. — *Proverbes*.

Dans ce travail rapide, nous nous sommes donné la mission de défendre et de protéger, dans la mesure de nos forces, les intérêts agricoles et horticoles de notre pays ; c'est donc pour nous un devoir impérieux de nous occuper de tout ce qui peut les servir ou les compromettre. Nous ne faillirons pas à ce devoir. Nous formulerons nettement notre pensée, quelque déplaisante qu'elle puisse paraître à d'honorables mais trop absorbantes individualités parisiennes qui, aveuglées par une science spéculative, plus ou moins audacieuse, croient pouvoir régenter la plus belle branche de production au gré de leurs miroitantes espérances. Ce ne sont pas des théories plus ou moins savantes ou hypothétiques qui auront le pouvoir de nous imposer silence et d'exciter en nous une admiration naïve : ce ne sont pas des promesses aussi brillantes mais aussi décevantes que les couleurs du prisme qui auront le don de nous convaincre; ce que nous voulons pour nous, pour nos amis, pour nos concitoyens, c'est le beau, le vrai, le juste.

Pour nous, le vrai, le bon, le beau, le juste, ne peut être efficacement défendu, protégé, servi que par le corps qui représente au premier chef tous les intérêts sociaux, *les véritables intérêts sociaux*. Soit par habitude professionnelle, soit par respect pour nos institutions, soit par amour pour nos concitoyens, soit pour toute autre cause, nous ne connaissons qu'un être moral et collectif qui ait cette puissance, — le *Gouvernement*. Toute institution, — *l'assurance n'est pas plus une industrie que l'impôt et elle doit prendre tous les caractères de l'institution*, — toute institution, disons-nous, qui n'émanera pas de l'initiative du Gouvernement, ou des pouvoirs législatifs, ou des grands corps de l'Etat, sous *quelqu'apparence* qu'elle se produise, quels que soient les *patronages* sous lesquels elle se place *avec plus ou moins de vérité*, le *but* qu'elle poursuive, ne nous offrira *aucune des garanties* que nous désirons et ne nous inspirera qu'une confiance *extrêmement* limitée. En effet, la France, bien que divisée en 86 départements, forme une parfaite unité. Tous ses intérêts convergent vers un point commun, un but unique. — La commune, par son conseil municipal et son maire, avec l'arrondissement ; l'arrondissement, par son conseil et son sous-préfet, avec le département ; le département, par son conseil général et son préfet, avec le ministre ; le ministre, le conseil d'Etat, le Corps législatif et le Sénat avec l'Empereur, sommet du Gouvernement, auguste couronnement de l'admirable ensemble social, qui assure la paix et le bonheur de tous. Or, les 40,000 communes représentées par leur 500,000 conseillers et magistrats municipaux, les 400 arrondissements représentés par leur 4,000 conseillers et sous-préfets, les 86 départements représentés par leur 3,500 conseillers généraux et préfets, le ministère appuyé de l'imposante autorité des conseillers d'Etat, du Corps législatif et du Sénat, ayant l'Empereur pour inspirateur et pour guide, nous offrent de bien autres garanties que toutes les *individualités* passées, présentes et futures si savantes et si honorables qu'elles soient d'ailleurs. Cette explication de nos doctrines en la matière une fois donnée, examinons au fond l'objet de cet article.

L'assurance agricole contre la *gelée*, l'*inondation*, la *grêle*, la *mortalité* et l'*incendie* est certainement la meilleure des institutions qui puisse être créée pour garantir les intérêts matériels des agriculteurs, des horticulteurs et de tous les membres de la nation, et leur accorder la juste rémunération de leurs travaux. Mais quelles doivent être les bases de cette assurance ?

Ici nous ne saurions, on le comprendra sans peine, nous lancer dans le domaine de la grande discussion, des théories abstraites ; nous n'avons pas le temps d'être un savant fastidieux, un économiste d'une subtilité équivoque ; nous n'avons que celui d'être simple et clair, d'avoir le gros bon sens de la numération : — *deux* et *deux* font *quatre*.

Toutes les assurances actuelles sont d'une regrettable insuffisance et ne valent rien, si bonnes qu'elles soient, au point de vue réel et parfait de l'ensemble. Elles assurent pour *quarante milliards de valeurs*, quand la masse de valeurs est, nous affirme-t-on, de *deux cent douze milliards*. — Ainsi, elles ne servent que le cinquième des intérêts, c'est-à-dire 7 millions de Français sur 36 millions. D'après les statistiques, elles touchent en primes trois fois la valeur des sinistres dont elles répondent, et la somme qu'elles perçoivent excéderait celle suffisante pour garantir tous les sinistres de la France. Ainsi, la population qui représente en France le cinquième de la valeur assurable paie en primes une somme supérieure à celle qui serait nécessaire pour assurer toutes les valeurs de la France, — d'où il résulte que la Fance entière pourrait être assurée contre tous les risques, soit 10 centimes quand l'on paie actuellement 1 franc. Tels sont les services mathématiques rendus par les compagnies actuelles d'assurances. Aussi n'est-il pas surprenant que des actions émises à 5,000 francs valent aujourd'hui 40,000 francs.

Nous ne commettrons pas l'injustice de faire un crime de cette situation aux compagnies d'assurances : en se créant, elles savaient bien qu'elles montaient des banques fructueuses où viendraient converger des intérêts infiniment vivaces et respectables, qu'elles répondaient à un besoin qui serait universellement compris et qu'elles feraient de gros bénéfices en fondant un grand monopole. En faisant tout ce qui dépend d'elles pour se perpétuer, elles sont logiques avec elles-mêmes et répondent au but de leur institution : *s'enrichir en servant les autres*. Elles sont et doivent être profondément égoïstes, et nul ne saurait s'en plaindre, parce qu'elles ne sont et ne peuvent être, avec leur caractère privé, autre chose qu'une *exploitation* de l'homme par l'homme et non une œuvre sociale destinée à la gloire du gouvernement et au bonheur du gouverné. Du reste, elles sont la seule garantie qui existe, puisque l'Etat n'a rien fait, et nous les aimons mieux que rien, puisque nous avons la possibilité de nous en servir, et que nous en usons.

Mais ces assurances peuvent-elles durer toujours comme elles sont instituées? L'intérêt de la France entière peut-il être sacrifié à des monopoles privés? En vertu de cette loi impérieuse de progrès, de cohésion des membres d'une société, de sûreté et d'ordre publics qui ne saurait jamais être méconnue en vain, l'Etat ne sera-t-il pas amené fatalement à s'emparer de toutes les assurances? Ces questions sont grosses de tempêtes. Abordons-les néanmoins avec calme et sécurité.

Plusieurs obstacles s'opposent au monopole de toutes les assurances par l'Etat :

1° *Le respect que l'on doit aux choses créées, à la fortune privée engagée par les assurances actuelles.*

2° *Le respect que l'on doit à la liberté individuelle et l'impossibilité où l'on se trouve dès lors d'obliger des gens à souscrire, pour leur conserver leur fortune malgré eux.*

3° *L'impossibilité d'établir un juste équilibre entre les valeurs assurables et de faire que chacun paie ainsi exactement en proportion des risques qu'il court.*

Ce sont là, croyons-nous, les trois objections capitales. Examinons leur valeur :

1° L'Etat ne doit rien, en droit absolu, aux compagnies existantes. En les autorisant, il n'a pas pris et n'a pas pu prendre l'engagement de ne jamais créer une institution publique destinée à offrir à tous les garanties que tout gouvernement doit à ses membres. A ce point de vue, les compagnies actuelles ne sauraient être un obstacle sérieux et pourraient être parfaitement méconnues sans que personne eût le droit de s'en plaindre. L'Etat fonderait une assurance générale obligatoire sans se préoccuper de ce qui existe; voilà tout. Mais en équité, il n'en est pas de même. Pour faire du bien à tous, le gouvernement n'a pas besoin de nuire à quelques-uns. Ces quelques-uns d'ailleurs sont une imposante fraction de l'Etat. Les compagnies organisées ont émis une multitude d'actions qui, sous la protection du gouvernement et des lois, sont un patrimoine aussi respectable, aussi sacré que la rente sur l'Etat. Il est aux mains de nombreuses familles dont il constitue l'avenir et les ressources; l'éteindre par un moyen violent ou par une action sourde, ce serait une odieuse spoliation dont les auteurs auraient à rendre compte devant leur conscience et devant Dieu. D'un autre côté, elle ne s'accomplirait pas sans les plus graves dangers. Les compagnies sont très-puissantes ; leurs agents couvrent le pays. Une spoliation rencontrerait immédiatement la désaffection des populations pour ses promoteurs et ce serait incontestablement la juste punition d'une telle iniquité. Mais le gouvernement peut, sans l'ombre d'un inconvénient, s'emparer de toutes les assurances existantes, à la condition d'éteindre par un fonds d'amortissement, les valeurs mobilières qu'elles représentent et qui s'y trouvent engagées. On connaît le bénéfice net qu'elles donnent à leurs actionnaires. Que ce bénéfice soit capitalisé au taux de la rente publique et que le capital soit remboursé au moyen d'un fonds d'amortissement ; tout est dit, et la fortune privée engagée dans les assurances est parfaitement respectée. Ainsi le premier obstacle disparaît sans qu'aucun froissement légitime puisse se produire.

2° Nous voudrions bien que l'on s'expliquât sérieusement sur ce que l'on entend ici par *liberté. Je ne veux point m'assurer. Je veux me ruiner... Qu'est-ce que cela peut vous faire?* Quand donc n'abusera-t-on plus odieusement du beau mot *liberté* et ne lui donnera-t-on plus une signification synonyme de désordre, de mauvaise passion, de malheur général ! En quoi donc la liberté de l'homme est-elle atteinte par une assurance obligatoire? Cette liberté est-elle atteinte par l'impôt? l'est-elle par toutes les charges sociales, par les mesures qui vous obligent de respecter vos semblables, de ne pas les tuer, les voler, les flétrir dans leur honneur? Est-ce que dans ce sens et dans une nation civilisée, l'ensemble des lois n'est pas une atteinte à la liberté, puisqu'elles commandent et défendent la plupart des actes auxquels l'homme peut se livrer? Pour que la liberté fût respectée dans le sens absolu ; il ne faudrait point de lois, point d'obligations pour personne; il faudrait vivre en sauvages au milieu des forêts... Quel est donc l'amant passionné de la liberté qui préférerait cet état à un état civilisé où tous doivent être obligés dans l'intérêt de tous? Peut-on avoir le droit de se ruiner pour tomber ainsi à la charge de tous? Ah ! les beaux *libéraux,* que ceux-là qui voient dans l'action de l'ensemble confondue en une majestueuse unité une atteinte à des droits chimériques que l'homme vivant en société doit fatalement aliéner pour assurer le bonheur commun et le sien ! Eh quoi ! pour quelques rêveurs en délire et à l'esprit vertigineux, il faudrait que 36,000,000 d'âmes subissent perpétuellement l'odieux servage de l'exploitation d'industries privées, pour conserver un mirage de l'esprit, plutôt que de se placer sous l'autorité tutélaire et bienfaisante du gouvernement et des lois ? L'homme qui, pour avoir des garanties incontestables, une sécurité absolue, refusera d'être contraint à payer le dixième de ce qu'il paie volontairement pour n'avoir aucune garantie sérieuse, et uniquement, pour conserver une ombre, toujours fugitive d'indépendance, est un fou digne de Charenton plutôt qu'un sérieux citoyen.

3° Il est impossible d'établir un juste équilibre entre la prime d'assurance à payer et le risque à courir. C'est là une vérité que la diversité des valeurs assurables rend absolue. Que faire dans ce cas ? Une taxe unique, répondrons-nous. Mais, objectera-t-on, moi qui suis sur une montagne, je ne crains pas l'inondation... moi qui ne cultive, que des céréales, je ne crains pas la gelée des vignes... moi qui n'ai ni champs ni vignes, je ne crains pas la grêle... enfin moi qui n'ai que des marchandises ou des machines, je ne crains rien de cela, ni les épizooties... Rien n'est plus juste en apparence ; rien n'est plus faux en réalité. En effet, chacun craint pour ses valeurs, quelle qu'en soit la nature. D'un autre côté, chacun est solidaire du malheur d'autrui à un certain point de vue, dans un état civilisé. Pourquoi ces deux bonnes raisons ne seraient-elles pas suffisantes pour lever tous scrupules ? et qu'importe que je paie pour Pierre et pour Paul afin de leur assurer la jouissance de leur fortune, le fruit de leur travail, puisque Pierre et Paul en usent de même à mon égard ! Une autre observation nous paraît de nature à chasser tout sentiment d'égoïsme mal entendu et mal compris sur ce point ; le voici : Aujourd'hui, on paie, dans le système de liberté absolue des assurances, *dix fois* ce que l'on paierait avec une assurance de l'Etat ayant le caractère obligatoire. Qui donc pourrait justement se plaindre de ce que courant moins de risques que son voisin, il paiera cependant *dix fois* moins que sous l'empire des assurances actuelles pour avoir mille fois plus de garantie ? Une telle plainte ne serait pas sérieuse, assurément.

On fait encore, contre les assurances par l'Etat, une objection de mauvaise foi, qui est cent fois plus absurde que celles que nous venons de combattre. On a dit que quand l'Etat serait assureur, il convertirait l'assurance en *impôt mobile*. Peut-on avancer de sang-froid une pareille énormité et n'est-on pas bien coupable de faire une telle injure au bon sens de la nation? Qui donc vote les impôts? ne sont-ce pas les députés? Qui donc fait les lois? n'est-ce pas le gouvernement, le conseil d'Etat, le Corps législatif, le Sénat? de qui se composent ces grands corps, sinon de tous les propriétaires et industriels les plus riches de France, de ceux par conséquent qui possèdent le plus de valeurs assurables et qui ont le plus d'intérêt à maintenir intact l'admirable institution qu'ils créeraient? L'idée de la conversion des taxes d'assurance en impôt mobile est la plus révoltante injure que l'on puisse faire au bon sens et à l'esprit public, l'absurdité des absurdités. Mais donnons encore à cette assurance le mot *d'impôt*, si cela peut faire plaisir à certains esprits plus chagrins, plus sottement ombrageux que logiques; qu'est-ce que cela prouverait? Est-il donc défendu de créer un impôt, solidarité générale, qui mette chacun des membres du Corps social à l'abri du malheur imprévu et des navrantes misères qu'il crée? Peut-on se plaindre, en bonne justice, d'avoir trop de garanties contre les éventualités de l'avenir, les coups imprévus d'un sort fatal?

On ajoute enfin que l'Etat est trop puissant et qu'il faut l'empêcher d'accaparer les moyens d'augmenter encore sa puissance. Voyons le mérite de cette dernière objection : et d'abord elle est tout simplement une grossière insulte à tous ceux qui, en France, remplissent des fonctions publiques. Qu'est-ce que l'Etat, dans le sens le plus étendu de ce mot, sinon l'ensemble de tous les pouvoirs et de tous les savoirs sociaux? L'Etat, il est vrai, a une armée innombrable de fonctionnaires instruits, honorables, sortant de tous les rangs de la nation, depuis le plus humble au plus élevé, et qui sont bien loin d'être toujours récompensés comme ils le méritent des infinis services qu'ils rendent à tous. Croit-on donc que ces fonctionnaires n'aient pour unique but que de chagriner, de tromper et de trahir leurs concitoyens? Mais quels avantages trouveraient-ils donc dans une telle conduite? Autrefois, quand le gouvernement des hommes appartenait à des castes privilégiées, il pouvait arriver que les intérêts du grand nombre fussent méconnus au profit de quelques-uns. Mais une telle situation peut-elle donc impunément se reproduire aujourd'hui? Que sont tous les fonctionnaires et même les principaux, sinon des hommes sortis de la foule et qui se sont élevés à tous les degrés de la hiérarchie par leur science et par leurs vertus? Et ils trahiraient les intérêts de tous pour quelques-uns!... Ils ne le peuvent pas; mais le pourraient-ils qu'ils ne le voudraient pas, parce qu'il n'en résulterait pour eux que honte et remords; grâce à notre admirable organisation politique, l'Etat est et doit être le maître, parce qu'aucune société ne peut exister, qu'aucune famille ne peut avoir de bonheur, qu'aucun individu ne peut trouver de garantie solide que dans sa force et sa puissance, force et puissance tournées vers le bien-être commun et non vers l'oppression. Plus un gouvernement sera fort pour le bien public, plus il fera ce bien, plus il sera aimable et respectable, aimé et respecté, et plus grands seront le bonheur et la gloire de tous et de chacun.

Que sont, au contraire, les grands monopoles privés? Ne le voyons-nous pas dans les compagnies de tous ordres? L'homme n'y est-il pas réduit à l'état de machine de production plus ou moins bien organisée? Quelles garanties trouve-t-il pour son avenir dans ces immenses associations qu'il doit faire fructifier avec son travail et ses sueurs? Tant qu'il produit ce qu'on veut de lui, on le garde; le jour où il se trouve empêché par une cause quelconque, il est impitoyablement renvoyé et remplacé. Il ne saurait en être autrement dans l'exploitation de l'homme par l'homme. Voit-on de pareilles énormités se produire dans les actes du gouvernement? Laissons à Dieu ce qui appartient à Dieu, à César ce qui appartient à César et aux exploitateurs des sueurs et des misères humaines ce qu'ils créent de douleurs et de désespoirs sous le prétexte trop fréquemment invoqué de la philantropie et du bonheur général. Et, d'ailleurs, comment se recrute le personnel de tous les grands monopoles des industries qui ont presque le caractère de nos institutions et qui exploitent si fructueusement la cupidité, la frayeur ou la bonne foi publique? — Ont-ils un vaste champ de choix? Ne sait-on pas qu'un grand nombre de leurs agents sont des individus qui n'ont su ou qui n'ont pu rien faire ailleurs et qui viennent apporter dans des positions qui intéressent autant la masse que les fonctions publiques une incontestable ignorance et le reste, se traduisant trop souvent par les plus déplorables conséquences? Chaque homme sérieux ne peut-il pas se donner tous les jours ce douloureux spectacle? Il y a d'honorables exceptions, nous le reconnaissons; le besoin de gagner un peu plus d'argent et plusieurs autres causes respectables, jettent dans les positions privées, dans les grandes compagnies, çà et là, quelques hommes qui souffrent plus de leur entourage qu'ils n'aiment la carrière qu'ils suivent, par une sorte de fatalité. Mais qu'est-ce que cela prouve, sinon que nous sommes dans le vrai et que le gouvernement est infiniment préférable?

Comparera-t-on le plus médiocre des fonctionnaires, à tous les points de vue, — nous comprenons, bien entendu, avec ces fonctionnaires, toutes les belles professions libérales : médecins, avocats, avoués, notaires, etc., — à une foule de ces individus qui n'ont pu obtenir aucun rang dans la hiérarchie publique et qui, par cela même que la porte leur en est fermée, voudraient la couvrir de mépris? Quel sera le résultat de cette comparaison? Le fonctionnaire, il est vrai, n'a jamais la liberté de mal faire, ou ne la prend jamais impunément. Le propre des fonctions publiques et des carrières libérales, quelles qu'elles soient, est d'inspirer la jalousie et par suite la plus active surveillance. Le cœur de l'homme est ainsi fait, qu'il éprouve une certaine joie à trouver en défaut celui qu'il considère comme son supérieur. Toute faute du fonctionnaire s'expie donc de deux manières : par le blâme public et par le blâme et les sévères remontrances de ses supérieurs ou l'intérêt de ses clients. Il le sait; il évite de se mettre en faute autant que peut le permettre la faiblesse humaine et il conserve ainsi sa dignité. Que de petits fonctionnaires, que de modestes médecins, avocats, etc., gagnent moins que le plus simple ouvrier et vivent cependant très-honorablement! Combien de ces individus n'ont de bonheur réel que dans l'accomplissement de leurs devoirs, la satisfaction de leur conscience! Et ce sont pourtant eux qui constituent le gouvernement! et ce sont pourtant eux qui font tout marcher! et c'est pourtant contre eux que des hommes sérieux s'élèvent! Oh! quelle étrange aberration s'empare par fois des plus belles intelligences! *Gouvernement!... Gouvernement!...* Mais qu'est donc le gouvernement, aujourd'hui que chaque citoyen peut en être le membre le plus élevé? Qu'est donc le gouvernement de la France depuis 1789, auprès de tous les gouvernements anciens de l'Univers? Malgré tout, ce mot sera-t-il donc toujours synonyme d'ennemi? N'arriverons-nous donc jamais à comprendre qu'un bon gouvernement est la plus haute expression de la meilleure des civilisations?

Pour nous, l'assurance est, dans l'ordre matériel, tout ce qui peut se concevoir de plus beau, de plus noble et de plus élevé pour une société policée. Le jour où tous les membres de cette société auront le moins chanté et le plus mis en pratique, non pas les trois mots révolutionnaires que chacun connaît, mais les trois mots évangéliques, *Foi*, *Espérance* et *Charité*, c'est-à-dire compris les liens véritables de la fraternité sainte, ceux qui rendent l'ensemble solidaire, responsable du malheur d'un seul, prévenu ou empêché la ruine individuelle tout en laissant à chacun sa *vraie liberté d'action*, sa *sage indépendance* et en servant la richesse d'ensemble, ce jour-là nous nous prosternerons devant la divine Providence et nous l'adorerons du fond de notre cœur.

Les assurances de tous ordres répondent à un besoin immense, absolu, qui ne peut plus être méconnu sans les plus graves dangers. Les compagnies actuelles sont insuffisantes, impuissantes pour le satisfaire et ne tarderaient pas à devenir immorales et à créer un péril public, précisément en raison du vice de leur organisation. Elles ont eu leur raison d'être, et cette raison d'être, bonne dans l'origine, mauvaise actuellement, doit s'effacer devant la saine loi du progrès, la solidarité universelle, la puissance de cohésion qui anime tous les membres d'une même nation. L'Etat seul peut aujourd'hui faire et bien faire ce que les individus ne sauraient accomplir. Les individus, c'est l'effort de l'isolement et de l'infériorité matérielle et scientifique. L'Etat, c'est l'être moral et collectif en qui tout se trouve et qui peut tout accomplir. Confions-nous donc dans le génie de nos gouvernements et mieux encore du souverain de notre patrie, sur qui brille la resplendissante étoile de l'espérance.

L'Etat peut faire tout ce qu'il voudra dans la matière qui nous occupe. Si une loi sage était rendue en matière d'assurances, pour garantir tous les risques, son application serait des plus simples et des plus faciles. Disons deux mots à cet égard.

L'assurance ne devrait pas être entourée d'une masse de

formalités d'autant plus ridicules qu'elles sont ou paraissent être plus prévoyantes. Nous voudrions que la loi fût extrêmement simple. Elle n'aurait guère besoin d'articles autres que ceux énumérant les risques à garantir et celui ordonnant l'établissement d'une taxe unique pour tous les risques, quels qu'ils puissent être. Le surplus rentrerait dans les domaines de l'exposé des motifs et du réglement d'administration publique pour l'exécution de la loi. Les conseils généraux, d'arrondissement et municipaux, avec tous les fonctionnaires qui en font partie, serviraient d'agents d'instruction pour un solide exposé des motifs et de guides infaillibles pour le réglement d'administration publique. Les agents de tous ordres des finances, aidés par les maires, les répartiteurs et les conseils municipaux, seraient employés à l'application de la loi et tout s'accomplirait pour le mieux et sans frais. Quand les assurés n'y gagneraient que les frais d'administration, ce serait déjà immense, si l'on songe que les compagnies emploient plus de 10,000 agents aujourd'hui, c'est-à-dire 10,000 activités perdues pour l'agriculture ou le travail productif, qui tournent contre l'ensemble au lieu de le servir. Si l'Etat ne peut ou ne veut rien faire, nous regretterons la fatalité d'impuissance ou de persistance qui le retiendra ; mais cela ne nous empêchera pas de croire absolument, jusqu'à notre dernière heure, qu'il ferait mille et mille fois mieux que qui que ce puisse être, *que lui seul peut très-bien faire.*

Nous n'abordons ce sujet qu'en l'effleurant. Pourquoi ne dirions-nous pas une partie de notre pensée sur l'organisation d'une assurance par l'Etat et sur les voies et moyens ? On peut, si on le veut, réduire à sa plus simple expression l'organisation des assurances générales par l'Etat. Ainsi, dans le délai d'un mois, chaque Français serait tenu de déclarer à la mairie la nature et la valeur de ses possessions mobilières périssables par l'un des fléaux contre lesquels on assure ; cette valeur serait contrôlée immédiatement par les répartiteurs locaux et par l'agent de l'Etat ; puis, il en serait dressé un rôle exact et un état du montant des rôles du département serait envoyé à Paris à l'administration centrale. L'administration centrale connaissant le montant des pertes de toute nature subies annuellement en France, prendrait une moyenne de 10 années, l'augmenterait de la dépense du personnel, de la fraction pour fond d'amortissement des assurances actuelles, d'une fraction de dépenses pour pertes éventuelles et imprévues plus considérables, et répartirait proportionnellement cette somme entre tous les départements. La direction des contributions directes ferait la sous-répartition du contingent départemental entre les communes et pour les cotes particulières proportionnellement au montant des rôles ; une ligne au rôle des contributions et sur l'avertissement donnerait le chiffre de l'assurance et chacun connaîtrait ainsi la taxe qu'il doit payer. Le recouvrement de ces taxes serait fait comme en matière de contributions et avec elles, par les receveurs municipaux.

Pour les sinistres, le sinistré devrait immédiatement faire connaître la nature et l'étendue de sa perte. Des experts seraient appelés à la constater ; une comparaison des valeurs assurées non détruites avec celles détruites ou avariées serait établie et la proportion d'indemnité à payer au sinistré serait instantanément faite et connue. L'état des pertes et la fixation de l'indemnité seraient soumis au contrôle et approbation de règle, et le sinistré désintéressé ensuite par un mandat du Préfet sur le payeur du trésor. Pour toutes ces opérations, on aurait la garantie de la comptabilité publique, cour des comptes et tribunaux administratifs.

Deux hypothèses se présentent dans ce cas pour les sinistres : ou le montant des pertes sera supérieur aux prévisions, ou les primes inscrites aux rôles seront insuffisantes pour les couvrir. Dans le premier cas, l'excédant serait déposé à la caisse des dépôts et consignations pour parer aux éventualités futures, et, dans le second cas, le déficit serait couvert l'année suivante par addition aux taxes de cette année.

Cette organisation simple et uniforme, confiée aux agents actuels des contributions directes, dont il faudrait simplement augmenter le nombre, ne donnerait lieu à aucune difficulté, quelles que puissent être la nature et la variation des produits assurables. Deux points sont à bien établir : la valeur de tous les produits assurés par le propriétaire ; celle des produits détruits au moment du sinistre comme valeur intrinsèque et comme valeur relative avec ceux qui restent, et la situation est parfaitement équilibrée.

Pour arriver à faire payer à chacun en raison du risque qu'il court, on n'y parviendrait jamais, à cause de la diversité infinie des valeurs. Quand l'on ne peut arriver à une précision mathématique, il faut bien s'arrêter à une précision rationnelle, le parfait n'étant pas de ce monde. Les contributions sont-elles payées, dans des conditions proportionnelles et mathématiques, par tous les contribuables? N'y a-t-il pas beaucoup d'individus qui, possédant 500,000 fr. de fortune, paient moins que celui qui a 100,000 fr. de terre, moins que le commerçant, que l'industriel, lui qui ne possède rien que son activité, son intelligence et le crédit dont il jouit par la confiance qu'il inspire? Pourquoi l'impôt est-il établi, si ce n'est pour assurer la marche sociale, l'ordre public, mettre chacun à même de jouir de ce qu'il possède? Or, ne doit-on pas concourir à ce but complexe en raison de la protection dont on a besoin? Cette protection n'est-elle pas en raison même de ce que l'on a à conserver? Celui qui possède 500,000 fr., et qui paie moins que celui qui n'a que 100,000 fr., n'est-il pas cinq fois mieux traité que lui? Que devient l'équité absolue dans ce cas? Qu'est donc la taxe unique des lettres, ce bienfait que personne ne conteste aujourd'hui, au point de vue de l'équité? Payer 20 centimes pour une lettre à distance de deux myriamètres et payer la même taxe pour 100 myriamètres, est-ce donc la même chose? Tout le monde peut en profiter, cela est vrai; mais tout le monde en profite-t-il? Non! Il y a donc inégalité, et par conséquent défaut d'équité absolue. Que sont donc les contributions indirectes, les douanes, avec leurs tarifs protecteurs, et les octrois? Est-ce que les contributions indirectes frappent d'une manière mathématiquement égale? Est-ce que les tarifs douaniers, appelés tarifs protecteurs de nos industries, ne nuisent pas à beaucoup pour servir un plus grand nombre? Est-ce que pour certaines villes, les octrois ne sont pas des charges écrasantes, nuisibles à la richesse et au développement viticole? Croit-on que sans les taxes qui frappent le vin d'un droit énorme à l'entrée des villes, on ne ferait pas une plus grande consommation de vin et que cela ne contribuerait pas à l'élévation de son prix? Un fût de vin de Bordeaux de 1000 fr., un fût de Bourgogne de 1000 fr., un fût de vin de nos modestes vignobles, exposés à la gelée, de 75 fr., paient le même droit d'entrée à Paris. Où est l'équité absolue dans ce cas?

Et le recrutement de l'armée, cet *impôt du sang*, frappe-t-il sur tous dans d'égales conditions? Qu'on le demande aux mères de famille dont les fils sont morts au service de la France sur la terre étrangère. Le sort est-il une répartition équitable? Celui qui a servi et qui est *mort* sous les drapaux est-il dans la même position que celui qui a été acquitté par son numéro? Que donne la société à la famille du mort? Rien. Que retire-t-elle de sa mort? Le salut et presque toujours la gloire. Dans cette situation, où est l'équité absolue? L'impôt du sang, comme il est établi, n'est-il pas mille fois plus injuste que l'assurance? Quoi! il suffira d'un bon numéro au sort ou d'être trop petit d'un millimètre ou légèrement boiteux pour être exonéré de l'impôt du sang et on ne voudrait pas en s'assurant soi-même en assurer un autre qui paiera pour soi? N'est-ce pas une inqualifiable déraison?

Nous pourrions multiplier les exemples et les preuves à l'infini. Nous nous bornerons à dire ceci : tout s'enchaîne dans la saine économie générale; il ne faut pas demander plus de perfection que l'on ne peut en obtenir, et il est aussi rationnel, aussi juste d'établir une taxe unique pour assurer toutes les valeurs, qu'il a été juste de faire tous nos codes et toutes nos lois. Il n'y a pas plus d'imperfection, surtout en vertu du grand principe de solidarité générale, à obliger celui qui court un risque de grêle, d'inondation, d'épizootie, d'incendie, à payer pour la gelée, que celui-ci pour les autres et réciproquement. Vouloir le contraire, c'est blâmer tout ce qui existe et qui constitue l'ordre social; c'est se renfermer dans un ignoble égoïsme; c'est, enfin, être hostile à une sage amélioration; mais le vouloir, quand il est prouvé, de la manière la plus absolue, que l'assurance obligatoire, dans ces conditions, coûtera beaucoup moins (90 pour cent ou même 50 pour cent ou même 25 de moins) que l'assurance facultative, c'est tout simplement abominable et monstrueux.

Nous n'avons pas abordé une dernière objection et nous voulons tout dire. On a fait croire, au grand nombre, que l'Etat *n'osait* pas... Pourquoi donc n'oserait-il pas? Qu'a-t-il à craindre en défendant tout le monde? Ne peut-il pas, avant de se lancer, prendre les précautions que la prudence commande? Un projet solide ne peut-il pas être préparé, soumis au conseil d'Etat pour être vu, envoyé ensuite aux 40,000 conseils municipaux pour être bien examiné, aux conseils d'arrondissements pour être revu, aux conseils généraux et enfin à la Chambre ? S'il sortait de cette étude, comme cela est infaillible, que l'assurance par l'Etat est le *mieux* du *mieux*, qui donc et quoi donc empêcherait sa réalisation ? Si le contraire se produisait, est-ce que le gouvernement serait contraint d'agir contre le vœu de la nation ? Le paysan, c'est la force vive de la France, c'est lui surtout qui a acclamé le gouvernement actuel et c'est encore lui qui lui sera fidèle jusqu'à sa dernière heure, qui le défendra de toutes ses forces et qui, ce qu'à Dieu ne plaise, le regretterait le plus au besoin. Croire le paysan indifférent aux grands actes de l'Etat, supposer qu'il serait hostile à une mesure qui lui offrirait une sécurité sans laquelle son travail ne lui donne aucune rémunération assurée, c'est se méprendre étrangement sur la portée de son esprit. Il n'est pas plus éloigné des saines idées spéculatives que l'industriel le plus éminent ; seulement, son ambition n'est ni aussi étendue, ni aussi complexe : modeste dans ses vues comme dans sa position, il ne demande que ce dont il a absolument besoin. Mais il saurait aussi bien que le *Monsieur* de la ville comprendre ce qui serait fait pour lui. Admettons encore que, la malveillance, les mauvaises passions, l'esprit de parti donnant le change, l'on pût réussir à l'égarer un instant; son erreur serait de courte durée ; elle ne pourrait tenir devant l'évidence des avantages obtenus et l'action simultanée et lumineuse des hommes de bien. Pourquoi donc ne rendrait-on pas au paysan en bonnes mesures protectrices de ses intérêts, conservatrices de ceux de l'Etat, ce qu'il donne en labeurs, en généreux et modestes efforts et en solide dévouement ? Qui donc aurait le droit de se plaindre de sa légitime irritation et même de sa désaffection si, pouvant le protéger efficacement, on refuse absolument de le faire ou on le laisse devenir la proie de spéculateurs audacieux, effrontés, sans valeur, pouvoir se ruiner par une confiance surprise et ruiner ainsi l'Etat lui-même ? Allez, vendeurs du temple ! Allez et laissez-nous en paix avec vos hypocrisies, vos grands mots creux, vos égoïsmes, vos instincts de cupidité ! Le bien se fera sans vous et malgré vous, parce que le gouvernement a le même intérêt que la nation et que quand l'un et l'autre seront éclairés sur la situation, ce bien sera, le lendemain, en voie de réalisation.

Aujourd'hui, aucune assurance n'est absolument mauvaise ni

absolument bonne, comme nous venons de le dire. Il est démontré que toutes ne satisfont qu'au cinquième des besoins et qu'elles coûtent 10 fois ce qu'elles devraient coûter, s'il n'y en avait qu'une par l'Etat. En effet, on évalue à 105,000,000 les pertes annuelles de tous ordres, et à 212,000,000,000 la valeur assurable. Il s'agit tout simplement de frapper la valeur annuelle assurable de 212 milliards d'une taxe de 120,000,000 au lieu de 105, pour avoir le fonds d'amortissement des capitaux engagés dans les Sociétés à supprimer, et l'on aura un chiffre de risques que tout le monde peut faire et comparer avec celui actuel, en tenant compte du service rendu aux 4/5 de la population, c'est-à-dire à 29,000,000 de Français qui ne sont pas assurés aujourd'hui. Cent vingt millions, c'est à-peu-près le quart de l'impôt direct. Il suffirait donc d'élever la contribution de 25 pour 0/0 environ, pour que l'assurance obligatoire marchât bien et offrît à tous des garanties incontestables. Aujourd'hui, presque tous ceux qui assurent leurs valeurs, paient plus que trois fois l'impôt. Peut-on avoir une meilleure preuve que l'assurance obligatoire ne coûterait pas le dixième de ce que coûte actuellement l'assurance facultative ?

En France, en fait d'idées sérieusement humanitaires, il n'y a que le gouvernement qui puisse bien faire. Les œuvres d'intérêt collectif, qui ont le caractère d'une institution, abandonnées aux mains de la spéculation, n'ont jamais produit que d'affreux désordres, — témoin l'administration de l'enregistrement et des domaines, connue sous le nom de *régie financière* et qui était en ferme, — témoin les postes, quand elles étaient en ferme, — témoin, enfin, tout ce qui est rentré sous la main du gouvernement. L'intérêt rend exigeant, malveillant, avide et le reste, quand on n'a rien à perdre. L'Etat, être moral qui tient à son honneur et qui doit y tenir pour son repos et pour l'histoire, pour la sûreté générale dont il est le gardien, se montre, lui, honnête, vigilant et ferme, et tout prospère entre ses mains. Ses agents lui sont fidèles, dévoués à la chose publique, à l'honneur de leur position, tandis que les agents des compagnies privées, soustraits à son influence salutaire, lui sont antipathiques, hostiles, quand ils ne se transforment pas en fomentateurs de troubles, en artisans de désordre.

Mais si les assurances actuelles ne sont ni bonnes ni mauvaises, en est-il de même de celles qui pourraient être créées sous le titre d'*Assurances mutuelles* contre l'*incendie*, la *grêle*, la *gelée*, les *inondations* et la *mortalité des bestiaux?* Oh! non évidemment. Des assurances de cette nature ne sauraient infailliblement produire que des déceptions cruelles pour les assureurs et les assurés. Nous ne discuterons pas ce point : il tombe sous le bon sens public. Vouloir, par ce moyen, faire mieux que ce qui existe, tout vicieux qu'il soit, c'est vouloir faire un voyage dans la lune ou dans le soleil. Personne, nous le croyons fermement, ne s'y trompera. Quels que soient donc les *moyens que l'on emploiera*, les *influences* que l'on invoquera pour agir, on n'arrivera qu'à des résultats négatifs et à une inévitable confusion. Pour notre compte, nous engageons tous nos concitoyens à la plus grande circonspection en matière d'assurances inconnues et nouvelles, quelles que soient les raisons qu'on puisse faire valoir auprès d'eux, les autorités que l'on puisse invoquer, les mirages trompeurs et décevants que l'on puisse mettre devant leurs yeux. Le vrai du vrai, ce sont des chiffres : ces chiffres ont une irrésistible éloquence et nul ne peut en contester la puissance. Que l'on se renseigne, que l'on suppute bien toutes les chances avant de s'engager, n'importe d'après quelles sollicitations, dans une expérience sans autre issue que la déception, si l'on ne veut pas perdre son temps et son argent, c'est-à-dire au point de vue matériel, ce que l'on a de plus précieux. Encore une fois, nous le répétons, nous n'avons confiance qu'au gouvernement agissant, non comme *protecteur*, comme *surveillant*, système bâtard le plus mauvais de tous, car il compromet tout sans servir personne, mais au gouvernement agissant *directement* et sous sa *responsabilité*. Le gouvernement n'a point voulu d'un projet qui lui a été soumis, non parce qu'il ne voulait pas d'assurances, mais parce que le projet ne lui paraissait pas bon. Demain, il pourra vouloir d'un bon projet, comme il est possible d'en faire un. Espérons en l'avenir et ne créons pas de nouveaux embarras, ceux existants étant déjà suffisamment compliqués pour gêner les meilleures tendances.

Et d'ailleurs, nous avons vu des assurances et des banques *mutuelles* de toutes les façons. Qu'ont-elles produit? Serait-il donc de nouveau nécessaire de refaire leur lamentable histoire? Croit-on donc que l'humanité sera toujours composée de malheureuses dupes qui viendront sans réflexion se prendre à un appât dangereux ? Le laissera-t-on faire ? S'il en est ainsi, nous n'aurons plus à élever la voix d'avertissement ; nous n'aurons plus qu'à pleurer et à gémir sur l'avenir de notre patrie, car ces causes puissantes et multipliées de démoralisation, ne peuvent causer que sa ruine et la mener ensuite aux abîmes.

Nous ne sommes ni favorables, ni hostiles à aucun système, de parti pris. Mais quand on vient nous proposer autre chose que ce que nous avons, nous voulons voir la valeur comparative de ce que l'on nous propose et de ce que nous avons, et si ce que l'on nous propose ne vaut pas ce que nous avons, notre devoir est d'avertir nos amis, nos concitoyens, tous ceux pour qui nous travaillons, au bien être de qui nous concourons et consacrerons nos veilles et nos études, sans nous préoccuper jamais des froissements de différents ordres, qu'ainsi nous pourrons faire subir à des hommes bien intentionnés, mais éblouis par un miroitement vertigineux, dont les efforts n'auraient pas d'autre résultat que de décourager ceux qui ont besoin de toute leur énergie et de toutes leurs ressources.

En dehors des assurances dont nous venons de parler, de nombreux fléaux nous affligent encore et ne sont pas prévus dans ces assurances, savoir : la désertion des campagnes pour le séjour des villes ; la guerre que des nations jalouses peuvent nous susciter et entretenir longtemps ; la prostitution qui démoralise, débilite et enlève de nombreuses forces de production ; l'ignorance du cultivateur qui le rend victime de tous les effrontés spéculateurs qui viennent l'exploiter ; les fausses spéculations ; les expérimentations malheureuses ; l'ivrognerie ; la paresse ; la gourmandise ; le luxe irréfléchi ; enfin et pour combler la mesure, la mauvaise foi. Nous aimerions autant voir assurer contre tous ces fléaux que contre l'*inondation*, la *gelée*, la *grêle* et la *mortalité* des bestiaux par une assurance *mutuelle, quelle qu'elle soit.*

L'Empereur a voulu avoir les assurances au nom de l'Etat. Une grande étude a été faite ; un projet a surgi ; il a été examiné, discuté, repoussé, bien que l'Empereur le protégeât. Pourquoi? Est-ce parce qu'il était défectueux, difficile ou impossible à réaliser ou parce que le principe paraissait mauvais ? Nous croyons à la première hypothèse, tellement la seconde nous semble inadmissible ; mais un projet vicieux, pour une bonne raison, ne saurait faire renoncer à cette chose ; ce que les uns n'ont pu bien faire hier, d'autres peuvent le bien faire demain. A un projet défectueux, peut, avec le concours d'hommes assez supérieurs, succéder un projet sinon irréprochable, au moins assez satisfaisant pour être adopté après amendements. Nous l'appelons de tous nos vœux et de tout notre patriotisme, comme la plus grande cause efficiente de sûreté, de prospérité publique et d'heureux avenir pour l'agriculture, car si un projet défectueux, en opposition directe à ceux qui existent, ne prévalait pas contre ceux qui existent, ne trônait pas sur leurs ruines, ne réalisait pas les espérances qu'il fait naître, non seulement il tournerait à la confusion de ses auteurs, mais il ferait encore un mal immense et créerait des fermentations dans les esprits, des irritations, des haines qu'il deviendrait impossible d'apaiser et qui se traduiraient incontestablement en affreux désordres. D'un autre côté, s'il triomphe dans les conditions où il s'intronise, il soulèvera encore d'immenses passions de tous les intéressés à l'ordre de choses existant, parce qu'il compromettra, ruinera des intérêts aussi vivaces que légitimes, parce qu'il sera, pour tous les possesseurs d'actions des assurances actuelles et pour tous ceux qui s'y rattachent, une cause de désastres. Aujourd'hui, ils ne sont aucunement dévoués à la chose publique ; mais ils ne l'attaquent pas ; demain, s'ils sont victimes, ils en deviendront les ennemis irréconciliables et acharnés. Dans tous les cas, les luttes seront ardentes, passionnées, et de quelque côté que reste le triomphe, la victoire, trop chèrement achetée, ne produira rien de bon.....

Disons-le encore une fois : nous sommes plein de respect pour tout ce que fait le Gouvernement ; nous aimons le Gouvernement et nous ne trouvons bon, sûrement bon, en matière de garantie publique, que ce qu'il fait ou ce qu'il peut faire. Lui seul nous offre des garanties sérieuses, solides, sûres : tout autre nous inspire de la défiance. En matière d'assurances, tout ce que l'on peut faire en son nom, s'il n'intervient pas *directement*, *officiellement*, sous sa *responsabilité*, nous l'examinons, nous le discutons, et si cela nous paraît vieux, imparfait, mauvais, nous le repoussons, nous le répudions pour lui comme pour nous. Mais le jour où il se prononcera catégoriquement, nous nous inclinerons et nous nous tairons.

Nous aimons l'agriculture, le commerce, les arts et l'industrie comme on aime sa patrie, le clocher de son village et sa famille. Sans agriculture, plus de commerce, plus d'arts, plus d'industrie, plus même d'assurances, pas même une *mutuelle*, mais l'appauvrissement général, le désordre et le chaos. L'agriculture ne saurait prospérer qu'avec des lois douces et sages et sous un gouvernement éclairé et protecteur. Nous avons des lois douces, un gouvernement éclairé et protecteur de tous les intérêts et particulièrement de l'agriculture. Ayons foi dans l'avenir ; ayons foi dans nous-mêmes et dans tous les organes de la presse agricole, qui ne failliront pas à leur tâche dans la circonstance et qui demanderont certainement le beau, le juste et le vrai, parce qu'ils se respectent et qu'ils savent bien d'ailleurs que pour se conserver avec autorité, il faut qu'ils ne trompent personne et qu'ils remplissent leur impérieux devoir. Que si la presse de Paris fait défaut, laissons-là à ses illusions savantes ou simulées, et dans nos provinces où se trouve la véritable vie agricole, soutenons-nous, défendons-nous et opposons une infranchissable barrière à de chimériques spéculations qui feraient la nuit dans nos espérances et le vide dans nos coffres, et confions-nous dans la haute sollicitude du grand maître des destinées de la France.

FIN.

www.ingramcontent.com/pod-product-compliance
Ingram Content Group UK Ltd.
Pitfield, Milton Keynes, MK11 3LW, UK
UKHW020913180726
13838UKWH00002B/517

9 782329 314648